校企合作双元开发 **新形态** 教材

职业教育技能型人才培养实用教材

职业教育·航空装备类专业教材

航空维修工艺与文件编制

蒋艳红　朱　莎　苗姗姗　主　编

孔德贵　资张勇　副主编

李茂云　主　审

U0649729

人民交通出版社

北　京

内 容 提 要

本书是任务驱动式教材,主要内容包括航空维修基础知识、航空维修工艺详解、航空维修文件的编制与管理、飞机维修手册概述与应用、新技术与新工艺应用案例五大模块,全面覆盖了航空维修与文件编制的基础知识内容,并且充分辅以实际案例及对应分析,将教学内容同生产实践紧密结合,注重理论水平和实际能力的同步培养。

本书是高职院校航空机电类、航空维修类专业教材,也可以作为航空工程技术人员、飞行器维修人员和地勤人员的参考用书。

图书在版编目(CIP)数据

航空维修工艺与文件编制 / 蒋艳红,朱莎,苗姗姗主编. — 北京:人民交通出版社股份有限公司,2025. 7. — ISBN 978-7-114-20488-3

Ⅰ. V267

中国国家版本馆 CIP 数据核字第 2025YV5354 号

Hangkong Weixiu Gongyi yu Wenjian Bianzhi

书　　名:	航空维修工艺与文件编制
著 作 者:	蒋艳红　朱　莎　苗姗姗
责任编辑:	李　瑞　杜希铭
责任校对:	赵媛媛　刘　璇
责任印制:	张　凯
出版发行:	人民交通出版社
地　　址:	(100011)北京市朝阳区安定门外外馆斜街 3 号
网　　址:	http://www.ccpcl.com.cn
销售电话:	(010)85285911
总 经 销:	人民交通出版社发行部
经　　销:	各地新华书店
印　　刷:	北京科印技术咨询服务有限公司数码印刷分部
开　　本:	787×1092　1/16
印　　张:	12.25
字　　数:	293 千
版　　次:	2025 年 7 月　第 1 版
印　　次:	2025 年 7 月　第 1 次印刷
书　　号:	ISBN 978-7-114-20488-3
定　　价:	38.00 元

(有印刷、装订质量问题的图书,由本社负责调换)

前·言

本教材按照教育部《职业院校教材管理办法》(教材〔2019〕3号)等文件精神,结合航空类高职专业教学标准对航空维修工艺与文件编制的要求编写而成。

本教材编写突出航空维修工艺与文件编制的新发展、新要求,并力求体现以下特色:

(1)结合国家标准,力求内容创新

本教材在编写过程中,结合了现行最新国家标准、行业规范以及教育部专业教学标准,聚焦飞机部件、机载设备等的构造工作原理以及维修工艺,并重点阐述了航空维修文件编制的依据、基本方法和注意事项。同时,竭力将生产一线的前沿技术广泛纳入本教材教学框架,确保学生通过对本教材的学习,能够拓宽自身职业视野,树立职业意识,具备与岗位需求相匹配的职业能力。

(2)任务驱动,理实一体

航空维修工艺与文件编制课程的教学,对于学生的理论水平与实操能力均具有较高要求。基于这一特征,本教材设计了众多实践任务,在课前、课中、课后三个环节为学生提供连续性学习引导,通过任务实施,加深学生对于理论知识的理解,并在此过程中培养学生的动手能力、逻辑能力,实现理实一体化教学。

(3)基于实际案例,落实产教融合

本教材编写团队纳入了企业一线技术专家,为教材内容的组织提出了专业建议,确保教材内容同企业一线技术应用、生产实际衔接紧密。将众多航空维修实际案例在教材相关任务进行罗列、介绍,帮助学生尽快融入工作场景,形成职业概念。

(4)职业精神引领,融入课程思政

本教材将与航空维修工艺与文件编制的有关发展实例有机融入相关任务内容中,例如,以国产大飞机 C919 为例,讲述我国航空事业发展的艰苦历程与伟大成就,并籍此展现航空维修与文件编制的重要意义,帮助学生树立职业品格,打造劳模精神、劳动精神、工匠精神。

参加本次编写的人员有云南交通运输职业学院蒋艳红、朱莎、苗姗姗、孔德贵、资张勇,东方航空技术有限公司云南分公司张超,弥勒浩翔科技有限公司董林、田鳌。具体编写分工如下:模块一由蒋艳红、资张勇编写,模块二由苗姗姗、李茂云、朱莎编写,模块三由孔德贵、张超编写,模块四由孔德贵、董林、田鳌编写,模块五由朱莎、蒋艳红、苗姗姗编写。本教材由蒋艳红、朱莎、苗姗姗任主编,孔德贵、资张勇任副主编,全书由蒋艳红、苗姗姗统稿。全书由东方航空技术有限公司云南分公司李茂云任主审。

作者在本书编写过程中参考了相关教材、文献及网上资料等,在此对这部分资料的著作者表示感谢!

由于编者水平有限,书中难免有疏漏和不妥之处,恳请同行、读者指正。

编　者

2025 年 5 月

目 · 录
Contents

模块一
MODULE ONE

航空维修基础知识

模块导学

本模块主要探讨航空维修的基本概念、基本技术。任务一主要介绍航空维修的基本概念、标准和规范。任务二进一步针对民用航空维修技术展开介绍。本模块旨在帮助读者形成对于航空维修及技术的基本认识,为后续模块的深入学习打好基础。

任务一　维修与航空维修认知

学习任务

一、任务背景

随着航空业的发展,航空器的安全、可靠运行变得至关重要。航空维修是确保航空器适航性的重要环节,它不仅涉及航空器的定期检查和维护,还包括对其故障的快速响应和修复。面对日益复杂的航空技术和严格的安全标准,掌握先进的航空维修理论和技术对于保障飞行安全、提高运营效率具有重大意义。

二、学习目标

知识目标

(1)理解维修与航空维修的定义及其重要性。

(2)掌握航空维修的主要分类方法,包括按对象、性质、级别和方式的不同进行的分类。

(3)了解航空维修的特点及要求,认识到高可靠性、综合保障性和技术综合性在航空维修中的重要性。

(4)理解以可靠性为中心的维修(RCM)理论及其对航空维修实践的影响。

能力目标

(1)能够根据实际需求选择合适的航空维修分类方法,制定针对性维修方案。

(2)能够运用 RCM 理论对航空装备进行故障风险评估。

(3)能够针对复杂航空维修问题(如多故障并发、备件短缺)提出系统性解决方案。

(4)能够描述我国航空维修的历史和发展概况,以及国内外航空维修领域的最新进展。

素质目标

(1)树立"零风险"的航空维修质量观,强化安全风险防范意识。

(2)培养严谨细致的工作态度,践行航空维修人员的职业精神。

(3)关注航空维修技术前沿,主动探索新技术、新方法的应用可能性。

三、任务安排

任务要求	学习维修的定义,同时阅读教材相关内容,完成维修分类的思维导图,并举例说明每种维修类型的实际应用
	学习以可靠性为中心的维修理论(RCM)的形成与发展,了解其在航空维修中的应用。查阅相关资料,撰写一篇关于 RCM 理论在航空维修中应用的案例
	了解我国航空维修的历史与发展现状。分组讨论并制作我国航空维修发展历程的时间线图,展示我国航空维修的演变过程
时间安排	第1周:完成思维导图的绘制
	第2周:完成 RCM 理论应用案例编写
	第3周:绘制我国航空维修发展历程图

知识链接

一、维修的基本概念

(一)维修的定义

维修通常指的是对设备、机器、建筑物、基础设施或对其他物品进行保养、修复或改善的一系列活动,以确保它们能够正常、安全、高效地运行或发挥其应有的功能。维修工作可包括检查、测试、更换损坏或磨损的部件、清洁、润滑、调整、校准以及对系统进行必要的升级或改造。

维修工作场景如图 1-1-1 所示。

图 1-1-1　维修工作场景

目前,对于维修已在多个标准中给出了定义:《可靠性维修性保障性术语》(GJB 451A—2005)认为,维修是为使产品保持或恢复规定状态所进行的全部活动;曾经实行的《可靠性、维修性术语》(GB/T 3187—2005)认为,维修是为保持恢复产品能完成规定的能力而采取的技术和管理措施;美军用标准《可靠性和可维护性术语的定义》(MIL—STD—721C)认为,维修是使产品保持恢复到规定状态所采取的全部措施。综合以上定义来看,维修是使装备保持、恢复,改善规定技术状态所进行的全部活动。

(二)维修的分类

目前,维修按最常用的维修目的和时机来分类,可将其分为预防性维修、纠正性维修、预测性维修和紧急维修四个类别。

1.预防性维修(PM)

预防性维修是一种计划性的维修策略,其核心目标是通过定期检查、测试、清洁、润滑、更换易损件等活动,来预防设备或系统故障发生,从而延长其使用寿命,提高可靠性和可用性,同时减少突发故障导致的停机时间和维修成本。预防性维修的优点在于它能够提前发现并解决潜在的问题,从而避免或减少突发故障带来的损失。实施预防性维修需要投入一定的资源和成本,包括人力、时间和物资等。因此,在制定预防性维修计划时,需要综合考虑设备的类型、使用频率、重要程度以及维修成本等因素,以制定出既经济又有效的维修策略。此外,预防性维修还需要与设备的日常操作和维护相结合,形成一套完整的设备管理体系。通过对操作人员和维护人员的培训,提高他们的设备意识和维护技能,可以进一步增强预防性维修的效果。

2.纠正性维修(CM)

纠正性维修是一种在设备或系统发生故障后进行的维修活动,旨在识别、隔离并修复故障,以恢复设备或系统的正常运行状态。这种维修方式通常是在预防性维修未能防止故障发生,或者设备突发故障时采用的。

纠正性维修的实施步骤通常包括以下方面。

(1)故障报告:设备或系统发生故障后,操作人员或用户需要及时报告故障情况,包括故障现象、发生时间、位置等信息。

(2)故障定位:维修人员根据故障报告和现场情况,使用专业的检测设备和技术手段,对故障进行定位和诊断。

(3)修复计划:根据故障定位结果,维修人员制定修复计划,包括修复方法、所需材料、工具和时间等。

(4)修复实施:按照修复计划,维修人员进行修复工作,包括更换损坏的部件、调整系统参数等。

(5)验证测试:修复完成后,维修人员需要对设备进行验证测试,确保故障已经修复,设备可以正常运行。

需要注意的是,纠正性维修虽然可以解决已经发生的故障,但并不能完全防止未来故障的发生。因此,在实施纠正性维修的同时,还需要结合预防性维修等策略,共同提高设备或系统的可靠性和可用性。此外,对于关键设备或系统,还可以考虑采用预测性维修等更先进的维修策略,以进一步提高维修效率和降低维修成本。

3. 预测性维修(PDM)

预测性维修是一种以状态为依据的维修方式,是指在机器运行时,对其主要(或需要)部位进行定期(或连续)状态监测和故障诊断,判定装备所处的状态,预测装备的状态发展趋势,并依据装备的状态发展趋势和可能的故障模式,制定预测性维修计划,确定机器应该修理的时间、内容、方式和必需的技术和物资支持。预测性维修集装备状态监测、故障诊断、故障(状态)预测、维修决策支持和维修活动于一体,是一种新兴的维修方式。

预测性维修在多个领域都有广泛的应用,如核电站、石油化工等行业。通过对设备的监测和分析,可以提前发现设备的故障,避免设备的停机和事故的发生,保障生产过程的稳定运行。例如,如果一台机器开始出现磨损迹象,可在机器发生故障之前安排维修。

尽管预测性维修的概念已得到广泛认可,但在实践过程中,仍面临着一系列挑战与难点,如图 1-1-2 所示。

4. 紧急维修

紧急维修通常指的是在设备、设施或系统出现故障或损坏,且这种情况可能对人身安全、财产安全或正常运营造成立即或潜在的严重威胁时,需要迅速进行的修复工作。

紧急维修主要有以下 7 个步骤。

(1)立即响应。接收到紧急维修请求后,立即评估情况并确认是否需要紧急响应。通知相关人员和部门,如维修团队、安全部门或管理层。

(2)安全评估。在进行维修工作之前,对现场进行安全评估。确保所有相关人员了解潜在的危险,并采取适当的安全措施。

(3)确定问题。迅速而准确地诊断问题所在。使用适当的工具和设备进行检测和测试。

(4)制定维修计划。根据问题的性质和严重程度,制定一个快速而有效的维修计划。考虑使用备用设备或系统,以减少对运营的影响。

(5)执行维修。由专业的维修团队执行维修工作。确保所有工作都符合相关的安全标准和规定。

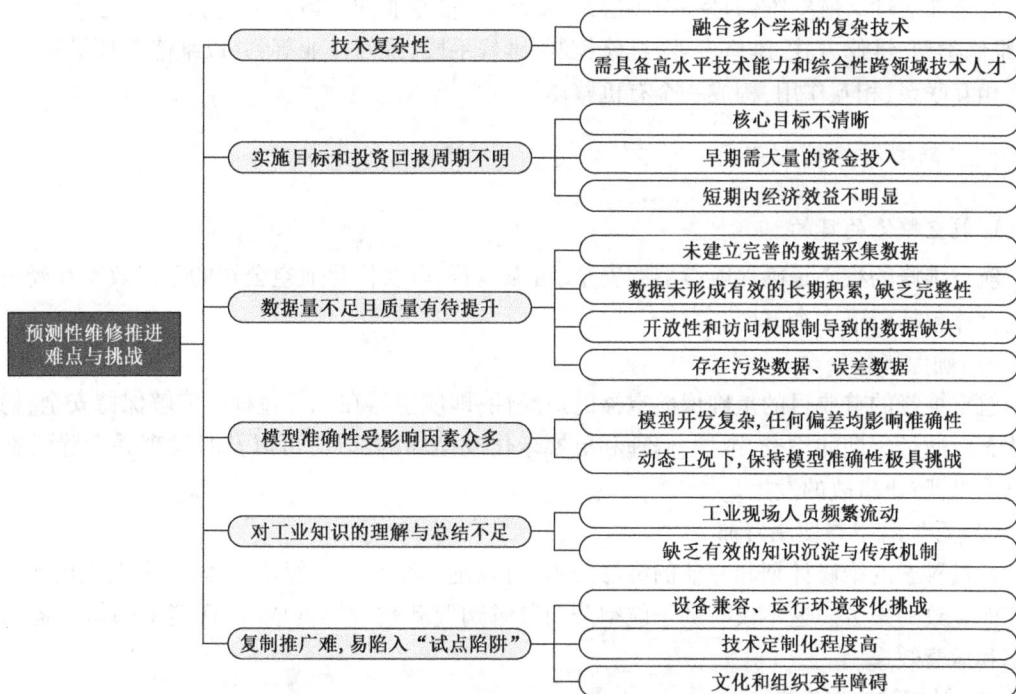

图 1-1-2　预测性维修推进难点与挑战

（6）测试和验证。在维修完成后，对设备或系统进行测试和验证。确保所有功能都恢复正常，且没有新的安全问题（图 1-1-3）。

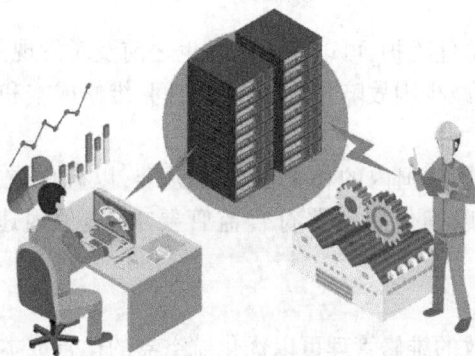

图 1-1-3　测试验证

（7）记录和报告。记录维修过程中的所有步骤和细节。向相关部门和管理层报告维修结果和后续建议。

二、航空维修的基本概念

(一)航空维修的定义

航空维修（Aviation Maintenance）是指为使航空装备保持、恢复和改善规定的技术状态所进行的全部活动。航空维修是一个多层次、多环节、多专业的保障系统,包括维修思想、维修体制、维修类型、维修方式、维修专业、维修控制、维修手段、维修作业等,并以维修管理贯穿其中,使之相互联系、相互作用,构成一个有机整体。

(二)航空维修基本知识

1. 航空维修的目的

航空维修的核心是确保航空器的安全、可靠运行,以及优化航空公司的运营效率和经济效益。具体包括以下六个方面。

(1)确保飞行安全

航空维修的首要目的是确保航空器的适航性,即航空器在飞行过程中能够保持安全、稳定的状态。通过定期的检查、维护、修理和更换老化或损坏的部件,可以及时发现并消除潜在的安全隐患,防止事故的发生。

(2)延长航空器使用寿命

通过科学的维修计划和专业的维修技术,可以延长航空器的使用寿命,减少因飞机老化或损坏而导致的报废。这不仅有助于航空公司节省购置新航空器的成本,还能提高航空器的利用率和运营效率。

(3)保持航空器性能

维修工作还包括对航空器性能的监测和优化。通过定期的性能测试和调试,可以确保航空器的各项性能指标符合规定要求,保持航空器的最佳运行状态,提高飞行效率,对于有人驾驶航空器,还需提高飞行人员和乘客的舒适度。

(4)预防故障发生

通过预测性维修和预防性维护,可以在故障发生之前及时发现并处理潜在的问题,避免在飞行过程中发生故障,从而减少因故障导致的停飞时间、维修成本和运营损失。

(5)满足法规要求

航空维修必须遵守国际和国内的相关法规和标准,以确保航空器的适航性和安全性。通过合规的维修工作,可以确保航空器符合监管要求,避免因违规而导致的法律风险和处罚。

(6)优化运营成本

合理的维修计划和高效的维修管理可以优化航空器的运营成本。通过减少不必要的维修工作、提高维修效率和降低维修成本,可以提高航空器整体的经济效益和竞争力。

2. 航空维修的分类

(1)按维修对象分类

①航线维修(图 1-1-4)

航线维修又称"外场维修",包括对航线运行的航空器进行维护、保养和修理,如航行前维护、过站维护、航行后维护等。航行前维护是指航空器在基地或经停站当日执行首次航空器任务前所进行的例行检查、勤务和故障排除工作。过站维护是航空器在机场进行短暂停留期间所做的维护,包括检查航空器外壳和技术状态、调节有关参数等。航行后维护是指航空器在当日飞行任务结束后或计划停场超过一定时间(如 4 小时或 12 小时,具体取决于航空公司规定)时在基地或经停站所进行的例行检查、勤务和故障排除工作。

图 1-1-4　航线维护

②航空器机体维修及加改装(图 1-1-5)

对航空器机身、机翼、尾翼、起落架等机体部件的维修,以及按特定要求对航空器的结构、客舱、系统进行改造升级。

图 1-1-5　机体维修

③发动机维修(图 1-1-6)

专门对航空器发动机进行的维修工作,包括发动机的定期检查、故障排除、性能调试等。

图 1-1-6　飞机发动机维修

④机载设备维修(图 1-1-7)

对机载电子和机械设备等部附件的维修。机载电子设备维修的对象主要包括计算机系统、导航系统等;机载机械设备维修对象主要包括燃油系统、液压系统等。

图 1-1-7　机载设备维修

(2)按维修性质分类

①预防性维修

预防性维修是一种有计划性的维修活动,旨在通过定期的检查、保养和修理,预防设备故障的发生,保持设备的良好状态。预防性维修包括擦拭、润滑、调整、检查、更换和定时翻修等。

②恢复性维修

恢复性维修又称"故障排除维修"或"修理",是指设备或其机件发生故障后,使其恢复到规定状态的维修活动。恢复性维修包括故障定位、故障隔离、分解、更换、调校、检验,以及修复损伤件等。

③改进性维修

改进性维修是指对设备进行改进或改装,以提高设备的固有可靠性、维修性和安全性水平。它是维修工作的扩展,实质上是修改设备的设计,应属于设计、制造的范畴。

（3）按维修级别分类

①基层级维修

商业运营中的航空器通常由有关公司（如航空公司等）的一线维修人员执行基层级维修,包括简单的故障排除、零部件更换和日常维护保养等。

②中继级维修

中继级维修由专业的维修机构或航空公司的维修中心执行,包括较复杂的故障排除、部件大修和改装等。

③基地级维修

基地级维修又称"航空器整体大修",是航空维修的最高级别。通常由大型维修基地或制造商的维修中心执行,包括航空器的全面拆解检查、大修和改装等。

（4）按维修方式分类

①定时维修

定时维修指给机件规定一个时限,机件使用达到时限就采取一定的措施。定时维修方式的缺点为工作量大、效率低、浪费大等。

民航领域定检维修分为 A 检、B 检、C 检、D 检四个级别,一般按飞行小时或起落架次划分。以飞行小时计算,四个维修等级一般来说有如下关系:$4A = B, 4B = C, 8C = D$。

D 检（图 1-1-8）又叫大修、翻修,是航空器长期运行后的全面检修,必须在维修基地的车间内进行,航空器停场时间在 10 天以上。D 检是最高级别的检修,对航空器的各个系统进行全面检查和装修。由于 D 检间隔一般超过 1 万飞行小时,很多飞机会在 D 检中进行改装或更换结构和大部件。理论上,经过 D 检的飞机将完全恢复到飞机原有的可靠性,其飞行小时将从"0"开始重新统计。

图 1-1-8　D 检

A检无需专门的飞行日来作停场维修,利用每日飞行任务完成后的航行后检查时间来进行此项工作即可,对于同一机型,A检的飞行间隔时间也不一定是固定的,飞机运营者、航空公司维修部门根据航空器的实际运行状况、维修经验的积累等进行相应调整,适当延长飞行间隔时间,以减少不必要的维修费用。

②视情维修

视情维修指有计划地定期检查机件的技术状态,根据机件本身的实际技术状况确定翻修或更换的时机以及翻修工作的内容。

③状态监控维修

状态监控维修指通过先进的监控技术对设备的运行状态进行实时监测,一旦发现异常立即采取措施进行维修。

(5)按维修企业与航空器运营单位的关系分类

①原始设备制造商(OEM)维修

由航空器制造商或其授权的维修企业执行的维修工作,通常具有技术优势和品牌优势。

②民航企业投资的维修企业

由航空公司或其他民航企业投资的维修企业,主要服务于自有或关联航空公司的航空器。

③第三方维修企业

独立于航空器制造商和航空公司的第三方维修企业,通常具有更广泛的客户群体和服务范围。

3.航空维修的特点及要求

(1)航空维修的特点

①高可靠性:航空维修以可靠性为中心,保持和恢复航空器的可靠性是航空维修的出发点和落脚点。

②综合保障性:航空维修需要科学管理和合理调配使用各种维修保障资源,涉及多个部门的密切配合。

③技术综合性:随着航空器更新换代的加快,航空器高技术密集、系统交联、机载设备综合化,对维修技术要求越来越高。

④快速反应性:军用机需要适应战场变化,民用机则需要尽量缩短维修时间,以提高经济价值。

⑤环境复杂性:航空维修通常在复杂、恶劣的环境中进行,如高空、严寒、酷暑等。

⑥高消耗性:飞机使用和维修保障费用占全寿命周期费用超过60%,维修费用高昂。

⑦空中风险:航空器在空中使用,一旦出现故障,后果严重,因此必须在飞行前做好维修工作,确保飞行安全。

⑧结构复杂、性能先进:航空器具有结构复杂、性能先进的特点,这一特点在科学技术发展的推动下越来越突出。尽管飞机性能先进,复杂的结构使得维护性和使用性得以提高,但是结构复杂也必然会降低可靠性水平。

(2)航空维修的要求

①严格遵守维修操作规程:维修人员必须严格遵守维修工作的工序流程,提高维修操作的规范性和准确性,避免对航空器的零部件造成不必要的破坏。

②预防性维修为主:航空维修强调预防为主,需要对航空器所有部件状态进行认真检测,对存在老化以及质量缺陷的部件及时进行维修或更换。

③合理选择维修技术方法:根据航空器故障类型和维修需求,合理选择预防性维修或修复性维修等维修方法。

④确保安全性:航空维修过程中需要确保操作以及环境的安全性,维修人员应提高警惕,精神高度集中,并做好防护措施。

⑤提高维修效率和质量:为了降低飞行事故出现的概率,相关设备维护人员一定要做好设备检修以及保养工作,还要提高检修的质量以及效率,发现航空机电设备的构件存在损坏问题,必须及时修理或者更换,这样才能保证设备性能正常发挥、飞行训练安全进行。

4.航空维修的发展

(1)航空维修理论的形成和发展

①航空维修理论的诞生

航空维修理论的产生与发展是与一定时期内航空装备水平和科学技术水平相适应的。20世纪50年代以前,由于航空装备比较简单,航空维修基本上属于一门操作技艺,对维修理论的需求并不迫切。随着第一代超音速飞机的出现以及科学技术创新步伐的加快,航空装备越来越复杂,对航空维修的依赖性越来越大,对航空维修的要求越来越高,原有的维修方式已难以适应日益增长的航空装备使用需求。因此,从20世纪50年代末,世界各国,尤其是美国民航界,运用现代科学理论、技术对航空维修的基本规律做出探索,首次将可靠性理论用于指导航空维修,突破了传统的维修方式。到20世纪60年代初,形成了以可靠性为中心的维修理论,产生了用逻辑决断图制定预防性维修大纲的方法(MSG—1法和MSG—2法),取得了很大成效,使航空维修从技艺发展为科学,从而产生了航空维修理论。

1978年,美国联合航空公司诺兰等受美国国防部的委托出版了《以可靠性为中心的维修》的图书,该图书对故障的形成、故障的后果和预防性维修工作的作用进行了开拓性的分析,首次采用自上(系统)而下(部件)的方法分析故障的影响,严格区别安全性与经济性的界限,提出了多重故障的概念,用四种工作类型(定时拆修、定时报废、视情维修和隐患检测)替代三种维修方式(定时方式、视情方式和状态监控方式),重新建立逻辑决断图,使以可靠性为中心的维修理论又向前迈进了一大步。从此,人们把制定预防性维修大纲的逻辑决断分析方法统称为"以可靠性为中心的维修"。

20世纪70年代后期,美国军方开始重视以可靠性为中心的维修理论。20世纪80年代后,发达国家民航界几次改进MSG法,使维修理论日臻完善。1979年,我国空军引进了以可靠性为中心的维修理论,经过10多年的努力,优化了整个航空维修系统,形成了具有中国特色的航空维修理论体系,结束了我国空军没有自己的维修理论的历史,以可靠性为中心的维修理论也在我国不断深化和持续发展。

②以可靠性为中心的修理理论(Reliability Centered Maintenance,RCM)

以可靠性为中心的维修理论是一种科学的维修理论,旨在通过系统地分析设备的可靠性需求,制定最优的维修策略,以最小的维修资源消耗保持设备的固有可靠性和安全性。

RCM理论是在总结了以前可靠性理论、经济性以及先进的设备诊断技术等理论的基础上,结合设备的可靠性原则,逐步推广得出的一种新型维护方式。通过对设备的运行过程中出现故障的原因进行剖析,可有效地解决加工过程中设备的"过维护"及"欠维护"等问题状态,使设备的使用可靠性得到提高。RCM 理论的主要内容见表 1-1-1。

RCM 理论的主要内容　　　　　　　　　　　　　　　　　　　　表 1-1-1

传统维修观念	RCM 原理
设备老,故障多。设备故障的发生、发展都与使用时间有直接的关系。定时拆修是对付故障的普遍适用的有力武器	设备老,故障不见得就多;设备新,故障不见得就少。只要做到机件随坏随修,则设备故障与使用时间一般没有直接的关系。定时拆修不是对付故障的普遍适用的有力武器
无明确的潜在故障概念,少量视情维修也往往是根据故障频率或故障危险程度来确定的。如果定时维修和视情维修两者在技术上都可行时,采用定时维修	有明确的潜在故障概念,视情维修是根据潜在故障发展为功能故障的间隔时间来确定的。如果定时维修和视情维修两者在技术上都可行时,采用视情维修
无隐蔽功能故障概念,不了解隐蔽功能故障与多重故障的关系,并认为多重故障的严重后果是无法预防的,只能根据具体情况应变	有隐蔽功能故障概念,了解隐蔽功能故障与多重故障有着密切的关系,认识到多重故障的严重后果是有办法预防的,至少可以将多重故障概率降低到可以接受的水平,它取决于对隐蔽功能故障的检测频率和更改设计
预防性维修能够提高设备的固有可靠性水平,能够使设备保持期望运行水平	预防性维修不能提高设备的固有可靠性水平,最高只能保持或达到设备的固有可靠性水平
预防性维修能避免故障的发生,能改变故障的后果	预防性维修难以避免故障的发生,不能改变故障的后果,只有通过设计才能改变故障的后果
对可能出现的任何故障都要做预防性维修工作	只有故障后果严重,而且所做的维修工作既要技术可行又要有实际效果时才做预防性维修工作,否则,不做预防性维修工作
初始预防性维修大纲是在设备投入使用之后才去制定,一经制定,一般不再进行修订	初始预防性维修大纲是在设备投入使用之前的研制阶段就着手制定,一般是不够完善的,需要在使用中不断地修订,才能逐步完善
一个完善的预防性维修大纲能单独由使用维修部门或者研制部门制定	一个完善的预防性维修大纲不能单独由使用维修部门或者研制部门制定出来,只有通过双方长期地共同协作才能完成

(2)我国航空维修的发展历史

航空装备维修最初是由飞行员进行的。1908 年后,飞行员有了机械维修方面的助手,飞机的维修与使用开始分离。

我国的航空装备维修始于清朝末年。1910 年,清政府在北京南苑设立了飞机修造厂。1913 年,北洋政府在北京南苑成立航空学校并附设飞机修理厂,这是中国最早的专职飞机维修机构。从 1919 年起,多个飞机修造厂先后在福建、广东、浙江、湖北、广西等地组建。1946 年,中国人民解放军组建东北民主联军航空学校及修理厂、机械厂、材料厂,收集并修复日军留下的残破飞机供航校训练飞行使用。1948—1949 年,航校机务处进驻沈阳,接收日军、国民党军遗弃的航空工厂、仓库,经整顿、恢复生产,修复了一部分飞机、航空发动机。之后又派工作组随军进关,相继接收各地的机场和航空工厂。1949 年 3 月,中央军委航空局成立,下设航空工程处,统管所接收的航空工厂。1949 年 11 月,中国人民解放军空军正式成立后,各地的航空装备修理厂归空军统管。1951 年,根据中央军委和政务院的决定,除中、小修理仍由空军部队修理厂承担外,空军将所属的 16 个航空装备修理工厂和两个航材仓库全部移交给国家航空工业局管理。空军的飞机、航空发动机由航空工业局所属工厂负责大修。这期间,航空工业局所属的航空工厂为空军修复了大量的飞机和航空发动机。为使航空工业集中力量研制生产新型装备,从 1954 年开始,航空工业局又陆续将飞机、航空发动机的修理工作转交给空军负责。20 世纪 80 年代以后,随着我国民用飞机架次的增多,逐渐出现了民用飞机维修基地,如北京飞机维修工程有限公司(Ameco)、珠海摩天宇航空发动机维修有限公司、山东太古飞机维修基地、厦门太古飞机维修基地、沈阳飞机维修基地等。一些航空公司和大部分机场也都有基层级航空装备维修能力。我国航空维修发展的总体历程如图 1-1-9 所示。

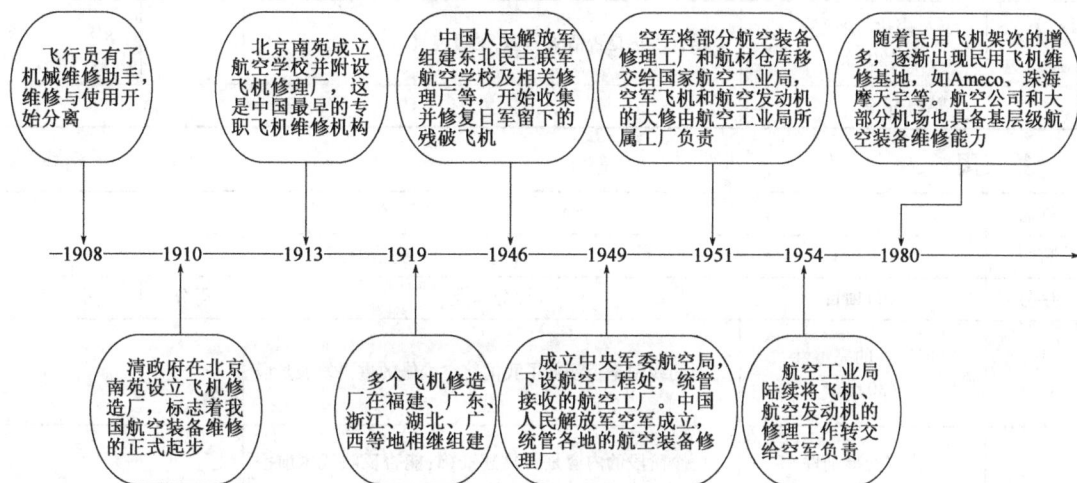

图 1-1-9　我国航空维修发展图

任务评估

第一周:

姓名			学号		
班级			完成时间		
序号	评价项目	评分标准		得分	得分说明
1	思维导图的完整性 (30 分)	思维导图是否涵盖了维修的定义及四种分类(预防性维修、纠正性维修、预测性维修、紧急维修),且分类清晰、逻辑合理			
2	实际应用举例的准确性 (20 分)	每种维修类型的举例是否恰当;能否准确反映该维修类型的特点和应用场景			
3	内容深度 (20 分)	是否对每种维修类型进行了简要分析,说明其优缺点或适用场景			
4	表达清晰度 (20 分)	思维导图和文字说明是否清晰易懂、逻辑连贯			
	总得分				

第二周：

姓名			学号		
班级			完成时间		
序号	评价项目	评分标准		得分	得分说明
1	案例结构的完整性 （30分）	案例结构是否完整合理			
2	内容的深度 （40分）	是否深入分析了 RCM 理论的形成与发展；能否结合实例说明其在航空维修中的应用			
3	表达清晰度 （30分）	语言表达是否清晰易懂、逻辑连贯			
	总得分				

第三周：

姓名			学号		
班级			完成时间		
序号	评价项目	评分标准		得分	得分说明
1	时间线的完整性 （30分）	时间线图是否涵盖了我国航空维修的主要发展阶段			
2	内容的准确性 （40分）	每个阶段的内容是否描述准确；能否反映我国航空维修的演变过程			
3	展示效果 （30分）	时间线图设计是否美观；内容是否易于理解；展示时表达是否清晰			
	总得分				

任务二 民用航空维修认知

学习任务

一、任务背景

随着民用航空业的快速发展，确保航空器的安全、可靠运行成为航空公司和维修机构的核心任务之一。民用航空维修技术作为保障飞行安全的重要环节，涵盖了从日常检查到深度维护的各种活动。本任务旨在深入探讨民用航空维修技术的基本概念、重要性及其基本流程。

同时,还将介绍民用航空维修中常用的标准文件,如维修计划文件、工卡、服务通告等。

二、学习目标

知识目标

(1)理解民用航空维修技术的定义、核心任务及其技术复杂性。

(2)掌握维修技术对飞行安全、航班正点率及运营成本的影响机制。

(3)掌握维修计划制定、资源准备及实施步骤。

(4)掌握9类标准文件的用途与编制依据。

(5)理解MPD中维修任务分类及其对维修决策的影响。

(6)掌握工卡的标准化特征、分类及作用。

(7)掌握各位维修文件的适用场景与执行要求。

能力目标

(1)能够根据航空器使用状况制定维修计划,选择合适的维修方法。

(2)能够根据维修需求选择合适的标准文件(如MPD、工卡、EO),并正确执行其要求。

素质目标

(1)养成遵循维修手册、适航法规的习惯,杜绝经验主义。

(2)培养细致严谨的工作作风,确保维修记录完整、准确。

(3)探索维修流程优化方法,提出创新性解决方案。

三、任务安排

任务要求	学习民用航空器维修的流程,绘制流程图
	掌握民用航空维修管理标准文件的分类,寻找各个类别文件的示例各一份,制作成PPT
时间安排	第四周:完成流程图的绘制和各类维修文件PPT的制作

知识链接

一、民用航空维修技术的定义及目的

1.民用航空维修技术的定义

民用航空维修技术是指对民用航空器进行维护、检查、修理和改装等工作的专业技术,涉及面广、技术复杂、安全要求高、专业性强。

2.民用航空维修的目的

(1)保障飞行安全:及时发现和修复航空器潜在的故障和缺陷,是保障飞行安全的重要措施。通过定期维护和检查,保证航空器的性能和可靠性,从而提高航空公司的运营效率。

(2)保障航班正点率:有效的维修技术可以确保航空器在计划内的时间完成维修任务,避免因技术故障导致延误。

(3)降低经营成本:合理的维修计划和有效的维修技术可以延长航空器的使用寿命,减少因意外故障导致的额外费用,从而降低航空公司的经营成本。

二、民用航空器维修的基本流程

1.维修计划与准备

(1)制定维修计划。根据航空器的使用状况、维修要求和维修资源,制定合理的维修计划,包括维修周期、维修项目和维修方法等。

(2)维修资源准备。根据维修计划,准备所需的维修工具、设备和器材,确保维修工作的顺利进行。

(3)技术资料查阅。查阅相关的技术资料和手册,了解航空器的结构、性能和工作原理,为维修工作提供技术支持。

2.维修实施

(1)航空器检查。对航空器的外观、结构和系统进行检查,确定是否存在故障或损伤。

(2)故障诊断与修复。根据检查情况,对故障进行诊断,并采取相应的修复措施,包括更换零件、修复损伤和调整参数等。

(3)系统测试与验证。完成修复后,对航空器的各个系统进行测试和验证,确保其功能正常、性能达标。

3.维修质量检测与评估

(1)质量检测标准制定。根据航空器的性能要求和维修规范,制定相应的质量检测标准。

(2)质量检测实施。按照质量检测标准,对完成的维修工作进行检测,确保其符合要求。

(3)维修效果评估。根据质量检测结果,对维修效果进行评估,总结经验教训,优化维修流程和技术。

4.维修记录与报告

(1)维修记录整理。对整个维修过程进行详细记录,包括维修计划、实施过程、质量检测和效果评估等。

(2)报告编写。根据记录整理维修报告,总结维修工作的情况、问题和改进措施。

(3)信息反馈。将维修报告反馈给相关部门和人员,以便对维修工作进行持续改进和优化。

三、民用航空维修管理标准文件分类

在民用航空维修当中常用的标准类文件共有 9 类,具体如下。

1. 维修计划文件

维修计划文件英文简称 MPD,是航空器制造厂商向营运人提供的,详细列出在航空器上进行的维修和维护任务清单。它是民用航空器维修活动的基础和依据,确保航空器按照规定的标准和周期进行维护和检查。

(1)波音 73NG MPD 中的类别

波音 737NG(Next Generation)系列飞机包括 737-600/700/800/900 等型号,其 MPD(Maintenance Planning Document)中的项目分类较为细致,以下从不同飞机部分进行展开说明。

①系统部分(SECTION 1-SYSTEM MAINTENANCE PROGRAM)

● 早期版本(2019 年 10 月版之前)如下。

5 类:Evident,Safety,即显性安全类,该项目的检查涉及安全,且能直接显示出来。例如对飞行控制系统中直接影响飞行安全的关键部件检查,若发现故障会直接危及飞行安全。

6 类:Evident,Economic（Operational）,显性经济类(运营相关),这类检查项目对飞机运营经济性有直接影响,且影响较为明显。比如发动机燃油系统部件的定期检查,若部件故障可能导致燃油消耗增加,影响运营成本。

7 类:Evident,Economic（Non-Operational）,显性经济类(非运营相关),检查项目对经济性有影响,但并非直接运营相关。例如某些辅助设备的检查,其故障不会直接影响航班运营,但长期来看会增加维护成本。

8 类:Hidden,Safety,隐性安全类,这类检查项目所涉及的故障不易直接发现,但一旦发生会对安全造成威胁。例如飞机结构内部的腐蚀检查,在初期可能没有明显迹象,但若腐蚀严重会危及结构强度。

9 类:Hidden,Non-Safety,隐性非安全类,检查项目既不易发现,又不会直接危及安全。例如一些非关键系统的电子元件老化检查。

0 类:Regulatory Authority required task(no supporting MSG-3 data available in this category),监管机构要求的任务,该类别没有 MSG-3 分析数据支持。

● 最新版本(2019 年 10 月版)如下。

5-8 类:定义与早期版本相同,分别对应显性安全、显性经济(运营/非运营)、隐性安全、隐性非安全。

空白类:表示该任务为非 MRB 项目,或通过增强区域分析流程(EZAP)、闪电/高强度辐射场(LHIRF)MSG-3 分析流程建立的任务。例如 LHIRF 和 EZAP 项目虽然被 MRB 项目包含,但是民航局规章对该类项目有特殊工作要求,故需要特别备注为空白类,与普通 MRB 项目区分。

②结构部分(SECTION 2-STRUCTURAL MAINTENANCE PROGRAM)

PGM 分类:PGM 被分成两类,分别是 S = Structures item(结构项目)和 F = Fatigue item(疲劳项目)。其中 F 类项目,根据 MPD 中的要求,必须在 MPD 项目的检查期限到期前完成检查。

例如对飞机机翼等关键结构部件的疲劳裂纹检查,由于疲劳损伤会随着飞行循环次数增加而逐渐发展,所以必须严格按照规定时间进行检查,以防止疲劳裂纹扩展导致结构失效。

③区域部分(SECTION 3-ZONAL INSPECTION PROGRAM)

该部分没有类似的类别定义,主要是按飞机区域进行划分,如机身、机翼、发动机舱等,用于发现区域性损伤或缺陷。例如对机身蒙皮区域的检查,查找是否存在腐蚀、划痕等损伤。

(2)空客 A320 MPD 中的文件类别

空客 A320 系列飞机包括 A318、A319、A320 和 A321 等型号,其 MPD 的项目分成三大部分,分别是系统和发动机部分、结构部分、区域部分,但并没有单独定义 CAT 或 PGM,只是在 SOURCE 栏出现了类似类别 CAT 的 5、6、7、8、9 等信息,其来源在空客 MPD 的 GENERAL INTRODUCTION 中的相关章节有所说明。

①来源于 MRBR 的类别分类

FEC 5:Evident Safety Effects,显性安全影响。例如对飞行控制系统关键部件的检查,若发现故障会直接危及飞行安全,属于此类。

FEC 6:Evident Operational Effects,显性运营影响。比如对客舱娱乐系统的检查,其故障会影响乘客的飞行体验,但不会直接危及飞行安全,属于运营影响范畴。

FEC 7:Evident Economic Effects,显性经济影响。例如对发动机燃油泵的检查,若燃油泵故障会增加燃油消耗,影响运营经济性。

FEC 8:Hidden Safety Effects,隐性安全影响。例如对飞机结构内部隐蔽区域的检查,如机身隔框连接处的裂纹检查,初期不易发现,但若裂纹扩展会危及安全。

FEC 9:Hidden Non-Safety Effects,隐性非安全影响。比如对一些非关键系统的电子元件老化检查,其故障不会直接危及安全,但长期来看会增加维护成本。

②特殊情况说明

"–"(连字符):在 FEC 列中表示该任务未通过 MSG-3 系统和动力装置逻辑流程开发。此类任务可能源于特定的 MRB 要求(如逃生滑梯抽样检查),或为维持型号合格证要求所必需,或是 ATA 20 HIRF/EZAP 分析过程的结果。

多重 FECs:仅当任务同时涉及隐性和显性 FEC 时才会引用。例如某个结构检查任务,既可能发现隐性裂纹(FEC 8),又可能发现显性损伤(FEC 5)。

(3)波音 737NG 与空客 A320 MPD 类别差异对比

①分类方式:波音 737NG MPD 根据 MPD 三部分内容的不同作用,分别对三部分的项目类别进行不同定义,第一部分项目分成 6 种不同类别;空客 A320 MPD 并没有直接在 MPD 中说明类别的定义,且未分别对 MPD 三部分项目分别定义。

②空白类定义:波音 737NG MPD 中 0 类项目变更为空白类,空白类里面新增了 LHIRF 和 EZAP 项目;空客 A320 MPD 中无此类明确变更说明。

③任务来源标注:空客 A320 MPD 在 SOURCE 栏出现类似类别 CAT 的 5、6、7、8、9 等信息,并说明来源;波音 737NG MPD 则是在特定章节详细定义各类别。

2. 工卡

飞机维修工卡(Aircraft Maintenance Task Card)是用于记录和指导飞机维修工作的标准化文件,是飞机维修过程中不可或缺的工具。它详细描述了每一项维修任务的具体内容、步骤、标准和要求,确保维修工作按照规范执行,同时为维修人员提供操作指导和质量控制依据。

(1)飞机维修工卡的主要特点

标准化:工卡内容基于飞机制造商的技术手册、维修手册(如 Aircraft Maintenance Manual, AMM)以及适航法规(如 FAA、EASA 等)编制,确保维修工作符合行业标准和法规要求。

任务明确:每张工卡对应一项具体的维修任务,任务内容清晰明确,包括检查、测试、修理、更换部件等。

操作指导:工卡中详细列出维修步骤、所需工具、设备、耗材以及注意事项,为维修人员提供操作指导。

质量控制:工卡通常包含签署栏,维修人员需在完成每项任务后签字确认,确保责任可追溯。

记录功能:工卡是维修工作的书面记录,用于存档和后续审查,是适航管理的重要依据。

(2)飞机维修工卡的主要内容

任务编号:每项维修任务的唯一标识。

任务描述:简要说明维修任务的内容和目标。

适用机型:标明该工卡适用的飞机型号。

参考文件:列出任务依据的技术手册或法规文件。

维修步骤:详细列出维修操作的步骤和顺序。

所需工具和材料:列出完成任务所需的工具、设备、耗材和备件。

安全注意事项:提醒维修人员在操作过程中需注意的安全事项。

签署栏:维修人员、检查人员和审核人员的签字确认栏。

完成状态:记录任务的完成情况(如"完成"、"未完成"或"需进一步处理")。

(3)飞机维修工卡的分类

例行工卡:用于日常检查、保养和定期维护任务。

非例行工卡:用于突发故障修理、改装或特殊检查任务。

检查工卡:用于飞机各级定检(如 A 检、C 检、D 检)中的检查任务。

修理工卡:用于飞机部件或系统的修理任务。

(4)飞机维修工卡的作用

确保维修质量:通过标准化操作步骤和质量控制,确保维修工作符合技术规范和适航要求。

提高维修效率:明确任务内容和步骤,减少维修人员的操作失误和时间浪费。

支持适航管理:工卡是适航审查的重要依据,证明维修工作符合法规要求。

实现责任追溯:通过签署栏和记录功能,明确维修责任,便于后续追溯和分析。

3.服务通告、服务信函、维修建议

(1)服务通告(Service Bulletin,SB)

定义:服务通告是航空器、发动机及部件的制造厂家根据自身和用户反馈的信息,对所生产的航空产品改进其可靠性或使用的安全性而发布的技术文件。它包含对航空产品实施检查、重复检查、改装或使用寿命更改等技术要求。

目的:提高航空产品的可靠性和安全性。

内容:通常针对产品的小缺陷或其他方面改进建议,提供具体的检查、改装或维修指导。

性质:属于厂家发布的技术文件,不具有法律强制性,但用户应充分考虑其建议。

等级:制造商会根据服务通告的重要性和紧迫性,将其分为不同的等级,如"紧急""客户决定"等。

作用:服务通告是航空器持续适航文件的一部分,其执行情况也是适航部门进行适航检查的重点工作之一。用户可以根据服务通告的内容,评估是否需要对航空产品进行相应的维修或改装。

(2)服务信函(Service Letter,SL)

定义:服务信函是航空器制造厂家发布的一种针对飞机、系统或部附件使用说明、建议性改装或检查等的信息类技术文件。

目的:向航空器运营人提供"有用信息",如维护手册说明、更好的操作或维护程序建议等。

内容:可能包括部件大修间隔、检查前时间(T.B.I)的更改等。

性质:与服务通告类似,属于厂家发布的技术文件,不具有法律强制性。

作用:服务信函为用户提供了关于航空产品使用和维护的有用信息,帮助用户更好地理解和使用航空产品,提高产品的可靠性和安全性。

(3)维修建议(Maintenance Recommendation)

定义:维修建议是在飞机维修过程中,根据航空器的实际情况和维修经验,提出的针对特定问题的维修解决方案或预防性维修措施。

来源:维修建议可能来源于维修单位、制造商或适航当局。

内容:针对航空器存在的具体问题或潜在的故障隐患,提出具体的维修方案或预防措施。

性质:维修建议可能基于多种因素,如维修历史、产品性能、用户反馈等,其执行具有一定的灵活性和选择性。

作用:维修建议帮助用户及时发现和解决航空器存在的问题,预防潜在故障的发生,保障航空器的安全运行。用户可以根据维修建议的内容,评估是否需要对航空器进行相应的维修或保养。

4.工程指令

飞机维修工程指令(Engineering Order,EO)是航空公司工程技术部门制定的一种专门用于指导飞机非例行维修工作的文件。它涵盖了航空器、发动机或零部件的专门检查、改装、更换以及修理等工作内容。工程指令的制定和实施确保了维修工作的标准化和规范化,满足了航空公司的特定运营需求。

工程指令的主要目的是提高飞机的安全性能,使其可靠性和舒适性更贴合服务需求。通过对飞机整体或部件的检修和改装,及时发现并排除潜在的安全隐患,保障飞机的安全运行。

类型:工程指令按照飞机执行改装的次数分为一次性 EO 和重复性 EO。

（1）一次性 EO

定义：按照改装需求，需要保证足够库存的改装耗材，参照生产管理室下发的改装计划，一次性完成需改装飞机的改装需求。

特点：改装耗材是定量的，根据改装飞机的架数和单机需求量，改装耗材总量航材可以控制。

（2）重复性 EO

定义：按照改装需求，飞机重复执行 EO，按照规定的起落次数或者循环小时，将对飞机反复进行检查或改装。

特点：改装耗材是航材保障中的难点，需求的器材要求保证最低库存量。

5. 咨询通告

咨询通告是中国民用航空总局颁发的，旨在对营运人提供帮助并满足航空条例的一种文件。它可能涉及航空器维修、运营、适航性等方面的指导和建议。

（1）内容与范围

飞机维修咨询通告的内容广泛，涵盖了飞机维修的各个方面，包括但不限于以下方面。

维修程序和要求：规定飞机维修的具体程序和要求，如航线维修、定检维修、部件更换等。

适航指令和服务通告的执行：指导航空运营人如何执行适航指令和服务通告，确保飞机的安全性和可靠性。

维修管理和质量控制：提出维修管理和质量控制的要求，包括人员培训、设备校准、维修记录等。

维修技术和方法：推荐先进的维修技术和方法，提高维修效率和质量。

咨询通告的范围通常涉及所有类型的飞机维修工作，包括商业运输航空、通用航空等。

（2）作用与意义

飞机维修咨询通告在飞机维修工作中发挥着重要作用，具体表现在以下方面。

指导维修工作：为航空运营人、维修单位等提供详细的维修指导，确保维修工作的规范化和标准化。

提高维修质量：通过规定具体的维修程序和要求，提高维修质量和效率，降低维修成本。

保障飞行安全：通过加强维修管理和质量控制，及时发现和排除安全隐患，保障飞行安全。

（3）实例

以中国民用航空局发布的咨询通告为例，如《航空器航线维修》咨询通告（AC-145-FS-006 R3），该通告依据 CCAR-145 部制定，目的是规范对航线维修的管理，为航空运营人合理安排和管理航线维修提供指导，确保符合维修标准和质量管理要求。该通告详细规定了航线维修的批准要求、维修管理体系、航线维修的实施、维修人员的授权和管理等方面的内容。

（4）获取途径

飞机维修咨询通告通常由适航部门发布，并可以通过以下途径获取。

官方网站：访问中国民用航空局等适航部门的官方网站，查阅并下载相关的咨询通告。

6. 适航指令

适航指令是由中国民航局颁发的，旨在克服航空器存在的不安全状态和有可能在其他类似产品中存在或产生不安全状态的指令。它要求营运人必须按照规定的期限和方法执行特定的维修或改进任务。

当民用航空产品处于以下情况之一时，适航当局将颁发适航指令。

（1）某一民用航空产品存在不安全的状态，并且这种状态很可能存在于或发生于采用同型号设计的其他民用航空产品之中。

（2）当发现民用航空产品没有按照该产品型号合格证批准的设计标准生产时。

（3）当外国适航当局颁发的适航指令涉及在中国登记注册的民用航空产品时。

7. 营运规范

营运规范是航空公司针对每一种型号飞机制定的，详细规定维修、检查和运营项目的文件。它确保了航空器在运营过程中的安全性和可靠性。

8. 主最低设备清单（MMEL）

（1）主最低设备清单的概念

主最低设备清单是由中国民航局确定的，在特定运行条件下可以不工作并且仍能保持可接受的安全水平的设备清单。它为航空公司制定 MMEL 提供了基础。

MMEL 通常包括设备清单、不工作时的限制条件、修复期限、操作程序（O）和维修程序（M）等信息。MMEL 将设备项目分为"放行""有条件的放行"或"不能放行"三类，具体取决于它们对航班安全的影响程度。MMEL 由航空器制造厂家制定，制定过程需充分考虑飞机的设计、飞行安全和运营需求。MMEL 需经过民航当局、适航机构的批准或认可，确保其符合相关的适航法规和标准。

（2）主最低设备清单的应用与意义

应用：MMEL 在航空公司的日常运营中发挥着重要作用，帮助航空公司评估和处理设备故障，确保飞机的持续运行。

意义：MMEL 的制定和实施有助于提高飞机的利用率和航班正点率，降低运营成本，同时保障飞行安全。

实例：以空客公司为例，其主最低设备清单由飞行支援部和服务部开发，用户可参考该清单来创建自己的最低设备清单（MEL）。

9. 最低设备清单（MEL）

最低设备清单是航空公司依据 MMEL 并考虑到各航空器的构型、运行程序和条件为其运行所编制的设备清单。MEL 是在 MMEL 的基础上，结合航空公司的飞机构型、运行水平、经验等差异性制定的。MEL 应当遵守相应航空器型号的 MMEL，或比其更为严格。MEL 允许航空公司在规定的期限内，在特定条件下保留故障继续飞行，但必须确保飞行安全。

任务评估

小组名称			小组成员		
班级			完成时间		
序号	评价项目	评分标准		得分	得分说明
1	维修流程绘制正确 (20分)	正确绘制民用航空器维修的基本流程			
2	流程图美观 (20分)	布局合理:流程图的布局清晰,易于阅读和理解。图形规范:使用了标准的流程图符号(如开始/结束框、操作框、判断框等)。色彩搭配:色彩使用合理,通过颜色区分不同步骤或关键点			
3	各位维修文件示例无误 (30分)	内容准确性:文件内容准确,符合实际维修操作的要求,与教材或行业标准一致。格式规范:文件格式规范,使用了标准的表格、标题、编号等			
4	制作的PPT美观无误 (30分)	内容完整性:PPT涵盖了所有要求的内容,包括维修流程、文件示例、案例分析等。文字与排版:文字简洁明了,排版整齐,不存在错别字或语法错误			
	总得分				

模块测试

一、选择题

1. 维修的定义是( )。
   A. 仅指对设备的修复
   B. 对设备进行保养、修复或改善的一系列活动
   C. 仅指对设备的清洁
   D. 仅指对设备的升级

2. 预防性维修的核心目标是( )。
   A. 修复已发生的故障　　　　　　　　B. 通过定期检查预防故障发生
   C. 仅在设备故障后进行维修　　　　　D. 仅对设备进行清洁

3. 纠正性维修通常在( )进行。
   A. 设备正常运行期间　　　　　　　　B. 设备发生故障后
   C. 设备未使用时　　　　　　　　　　D. 设备升级时

4. 预测性维修的主要依据是( )。
   A. 设备的使用时间　　　　　　　　　B. 设备的状态监测和故障诊断

C.设备的清洁程度　　　　　　　　D.设备的升级需求

5.航空维修的首要目的是(　　)。

    A.延长飞机使用寿命　　　　　　　B.确保飞行安全

    C.提高飞机性能　　　　　　　　　D.降低维修成本

6.民用航空维修技术的核心目标是(　　)。

    A.提高航班正点率　　　　　　　　B.保障飞行安全

    C.降低经营成本　　　　　　　　　D.以上都是

7.维修计划文件(MPD)的主要作用是(　　)。

    A.记录维修任务　　　　　　　　　B.提供维修任务的清单和周期

    C.指导维修人员操作　　　　　　　D.评估维修效果

8.服务通告(SB)的性质是(　　)。

    A.法律强制性文件　　　　　　　　B.制造商提供的技术建议

    C.适航指令的一部分　　　　　　　D.维修记录文件

9.适航指令(AD)的颁发条件是(　　)。

    A.航空器存在不安全状态

    B.航空器未按设计标准生产

    C.外国适航指令涉及中国注册的航空器

    D.以上都是

10.最低设备清单(MEL)与主最低设备清单(MMEL)的关系是(　　)。

    A.MEL 比 MMEL 更宽松　　　　　　B.MEL 必须遵守 MMEL 或更严格

    C.MEL 与 MMEL 无关　　　　　　　D.MEL 是 MMEL 的简化版

二、填空题

1.维修的分类包括预防性维修、纠正性维修、_____和_____。

2.预防性维修的优点在于能够提前发现并解决_____,从而避免或减少突发故障带来的损失。

3.纠正性维修的实施步骤包括故障报告、_____、修复计划、_____和验证测试。

4.航空维修的核心是围绕确保飞机的_____、_____运行以及优化航空公司的运营效率和经济效益。

5.航空维修按维修对象分类包括航线维护、_____、_____和机载设备维修。

6.民用航空维修技术的主要内容包括_____、_____、和_____。

7.维修计划文件(MPD)通常分为_____、_____和_____三大部分。

8.服务通告(SB)的主要目的是提高航空产品的_____和_____。

9.适航指令(AD)要求营运人必须按照规定的_____和_____执行任务。

10.最低设备清单(MEL)允许航空公司在规定的_____内,在特定条件下保留故障继续飞行。

三、判断题

1. 预防性维修可以完全避免设备故障的发生。 （   ）
2. 纠正性维修是在设备发生故障后进行的维修活动。 （   ）
3. 预测性维修是通过设备的使用时间来确定维修时机的。 （   ）
4. 航空维修的首要目的是延长飞机使用寿命。 （   ）
5. 航空维修按维修性质分类包括预防性维修、恢复性维修和改进性维修。 （   ）

四、简答题

1. 简述预防性维修的优点和缺点。
2. 描述纠正性维修的实施步骤。
3. 航空维修的目的是什么？请列举至少三点。
4. 什么是预测性维修？它在航空维修中的应用有哪些？
5. 简述民用航空维修技术的重要性。
6. 描述维修计划文件（MPD）的主要内容。
7. 服务通告（SB）和服务信函（SL）的区别是什么？
8. 适航指令（AD）的作用是什么？

五、论述题

1. 论述民用航空器维修的基本流程及其重要性。
2. 分析维修管理标准文件在航空维修中的作用。
3. 论述以可靠性为中心的维修理论（RCM）的主要内容及其在航空维修中的应用。
4. 结合教材内容，分析航空维修的特点及其对飞行安全的影响。

六、案例分析题

1. 案例：某航空公司在一次例行检查中发现一架飞机的发动机存在异常振动。经过进一步检测，发现发动机的一个叶片出现了裂纹。公司决定立即进行维修。
   (1)请分析此次维修属于哪种维修类型？为什么？
   (2)描述此次维修的实施步骤。
   (3)如果公司希望避免类似故障的再次发生，可以采取哪些预防性措施？
2. 案例：某航空公司一架 B737-800 飞机在例行检查中发现发动机滑油滤芯存在异常。根据维修计划文件（MPD）和服务通告（SB），需更换滑油滤芯并执行相关测试。
   (1)请描述此次维修任务的实施步骤。
   (2)如果维修过程中发现其他潜在问题，应如何处理？
   (3)如何确保此次维修任务符合适航要求？

模块二
MODULE TWO
航空维修工艺详解

模块导学

本模块深入探讨飞机维修的各项工艺流程和技术细节,包括航空维修工艺概述和具体的维修工艺流程。通过任务一可全面了解航空维修的基本概念、标准和规范。任务二将进一步详细讲解维修工艺流程,从拆卸、检查、维修到重新组装和测试的全过程。本模块旨在提升航空维修实际操作能力和故障诊断能力,确保其能够在维修工作中高效、安全地完成各项任务。

任务一　航空维修工艺概述

学习任务

一、任务背景

航空维修工艺是确保飞机安全、可靠运行的关键环节。它涵盖了从飞机结构到航空电子系统等多方面的维修技术与流程。

二、学习目标

知识目标

(1)掌握航空维修工艺的基本概念、核心内涵及其在航空工程中的重要性。

(2)熟悉航空维修工艺的三大分类(飞机机体、发动机、电子设备)及其特点与适用范围。

(3)了解航空维修工艺从传统维修到智能维修的演进历程及关键技术驱动因素(如数字化

技术、新材料应用)。

📖 **能力目标**

(1)具备航空维修工艺分析能力,能根据 FAA/EASA 手册对简单维修场景进行工艺匹配度评估。

(2)能够应用标准化作业流程(SOP)编制方法,能规划典型维修任务的实施路径。

(3)形成系统化思维框架,可综合分析工艺、设备、人员资质对维修质量的影响。

📖 **素质目标**

(1)树立"安全至上"的工程伦理意识,理解适航合规性对维修工艺的刚性约束。

(2)培养团队协作能力,能在多工种协同作业中完成维修方案论证与实施。

(3)培育技术创新思维与持续学习习惯,主动跟踪 3D 打印维修等前沿技术发展方向。

三、任务安排

(一)航空维修工艺基础概念探究(个人任务,占总成绩 20%)

任务要求	自主查阅航空维修工艺相关的图书、学术论文、行业报告等资料,对航空维修工艺的定义、涵盖范围、与其他相关学科的关系等基础问题进行深入探究
	撰写一篇不少于 500 字的研究报告,报告内容应包括对基础概念的详细阐述、自己的理解与思考,以及通过查阅资料发现的航空维修工艺概念方面存在的有关争议点或有待进一步研究的问题
时间安排	课前 7 天:确定资料查阅渠道,开始收集与航空维修工艺基础概念相关的资料
	课前 3-6 天:整理资料,撰写研究报告初稿
	课前 1-2 天:对初稿进行修改完善,提交最终版研究报告

(二)航空维修工艺分类整理与对比(小组任务,每组 4-5 人,占总成绩 30%)

任务要求	以小组为单位,对航空维修工艺进行分类整理,重点关注飞机机体维修工艺、航空发动机维修工艺、航空电子设备维修工艺这三大类
	针对每一类维修工艺,详细阐述其主要工艺流程、所使用的工具与设备、技术要求与标准以及质量控制方法等内容。对三大类维修工艺进行对比分析,从维修难度、技术复杂性、成本投入、对飞机运行影响等多个维度探讨它们的异同点,通过制作表格、绘制流程图等方式进行直观呈现
	制作一个展示时长为 15-20 分钟的 PPT,用于在课堂上展示小组的分类整理与对比分析成果,要求 PPT 内容简洁明了、图文并茂,讲解过程清晰流畅、重点突出
时间安排	课前 5-7 天:小组分工,分别收集各类航空维修工艺的详细资料
	课前 3-4 天:小组内汇总资料,进行分类整理与初步对比分析,撰写对比分析报告
	课前 1-2 天:制作 PPT,对报告进行修改完善,进行小组内部预演
	课中:在课堂上进行小组展示与汇报,接受教师和其他小组的提问与评价

(三)航空维修工艺发展历程案例分析(个人任务,占总成绩 30%)

任务要求	学生自行选择一个具有代表性的航空维修工艺发展历程案例,如飞机铆接工艺从传统手工铆接到自动化铆接的转变、航空发动机维修工艺中无损检测技术的发展等
	对所选案例进行深入研究,详细阐述该工艺在不同发展阶段的技术特点、应用情况、存在的问题以及推动其发展的主要因素(技术创新、行业需求、法规标准变化等)
	分析该工艺发展历程对航空维修行业整体发展的影响,包括对维修效率、维修质量、成本控制、飞机安全性和可靠性等方面的影响,并撰写一篇案例分析报告,字数不少于 500 字。在报告中需结合实际数据和具体事例进行分析,增强报告的说服力和可信度
时间安排	课后 1 天:确定案例研究对象,收集相关资料
	课后 2-4 天:撰写案例分析报告
	课后 5-7 天:对案例分析报告进行修改完善,提交最终版案例分析报告

(四)简单维修场景工艺规划与讨论(小组任务,每组 3-4 人,占总成绩 20%)

任务要求	教师给定若干个简单的航空维修场景,如飞机机身蒙皮局部损伤修复、航空发动机某部件磨损更换等
	小组选择一个维修场景,根据所学的航空维修工艺知识,制定详细的维修工艺方案,包括工艺选择依据、具体操作步骤、所需工具与设备清单、人员分工安排以及质量控制措施等内容
	将制定好的维修工艺方案制作成 PPT,在课堂上进行展示和讲解,讲解时间为 10-15 分钟。之后,各小组之间进行讨论和交流,对其他小组的方案提出问题、建议和评价,共同探讨如何优化维修工艺方案,提高维修质量和效率
时间安排	第 1 周:小组选择维修场景,制定维修工艺方案,制作 PPT
	第 2 周:在课堂上进行小组展示、讨论与交流,教师进行总结和评价

知识链接

　　航空维修在民航运营中起着举足轻重的作用。它直接关系到飞机的安全性、可靠性和经济性。一架民航飞机包含数百万个零部件,在复杂的飞行环境下,这些零部件会面临各种应力、磨损、腐蚀等因素的影响。定期且高质量的维修能够及时发现并修复潜在的故障隐患,确保飞机在每次飞行中都能安全运行,避免因机械故障引发灾难性事故。同时,有效的维修还能延长飞机的使用寿命,提高飞机的利用率,降低航空公司的运营成本,例如通过合理的维修计划安排,可以减少飞机的停场时间,增加航班频次,从而提升航空公司的经济效益。

一、航空维修工艺的定义

航空维修工艺是指在航空维修过程中，为恢复或保持飞机及其零部件的规定技术状态所采用的各种技术手段、方法和流程的总称。它涵盖了从故障诊断、零部件拆卸、清洗、检查、修复、装配到调试等一系列环节。具体包括传统的机械维修工艺，如铆接、焊接、机械加工等，以及现代新兴的维修工艺，如激光修复、冷喷涂、增材制造等。同时，还涉及无损检测技术，用于检测零部件内部的缺陷而不破坏其结构完整性，如超声检测、射线检测、涡流检测等；以及表面处理工艺，用于提高零部件的表面性能，如电镀、涂层等。

二、航空维修工艺的分类

航空维修工艺的分类方式主要有两种，分别为按维修对象分类和按维修方式分类（图2-1-1）。

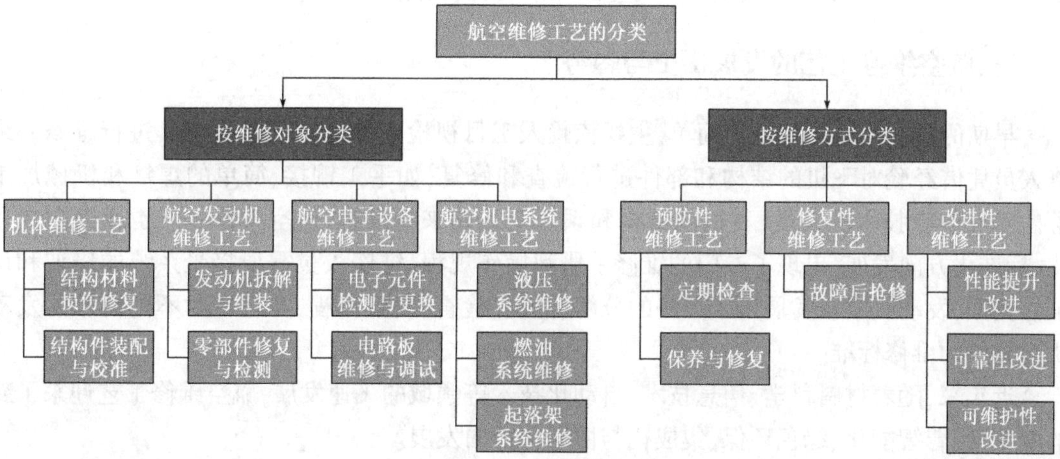

图 2-1-1　航空维修工艺分类

1.按维修对象分类

（1）机体维修工艺：主要针对飞机的机身、机翼、尾翼等结构部件。包括对铝合金、复合材料等结构材料的损伤修复，如复合材料的分层修复、铝合金蒙皮的腐蚀修复等；以及结构件的装配与校准，确保飞机的外形尺寸和结构强度符合要求。

（2）航空发动机维修工艺：专注于发动机的维修。涉及发动机的拆解与组装，对发动机内部的涡轮叶片、轴、机匣等零部件的修复与检测。例如，涡轮叶片的高温合金修复工艺、发动机内部油路系统的清洗与检测等。

（3）航空电子设备维修工艺：针对飞机的电子系统，如飞行控制系统、导航系统、通信系统等。包括电子元件的检测、更换、电路板的维修与调试等。由于电子设备的高度集成化和精密性，维修工艺需要特殊的防静电环境和高精度的检测设备。

（4）航空机电系统维修工艺：涵盖飞机的液压系统、燃油系统、起落架系统等机电设备。

例如,液压系统的密封件更换、管路修复与压力测试;燃油系统的油泵维修与油箱清洗;起落架系统的减震器维修与收放机构调试等。

2. 按维修方式分类

(1)预防性维修工艺:基于预定的维修计划和时间间隔,对飞机及其零部件进行定期检查、保养和修复。例如,按照飞行小时数或日历时间对发动机进行定期的全面检修,包括更换润滑油、检查叶片磨损情况等。这种维修方式意图在故障发生前发现并解决潜在问题,降低突发故障的风险。

(2)修复性维修工艺:在飞机出现故障或零部件损坏后进行的维修。当飞机在飞行过程中遭遇突发故障,如起落架故障、发动机空中停车等,在飞机着陆后,维修人员需要迅速采用相应的修复性维修工艺对故障部件进行抢修,使其恢复正常运行状态。

(3)改进性维修工艺:为了提高飞机的性能、可靠性或可维护性而进行的维修。例如,对飞机的燃油系统进行改进,采用新型的燃油滤清器,以提高燃油的清洁度,减少发动机故障的发生概率;或者对飞机的电气线路进行重新布局,提高线路的可检修性。

三、航空维修工艺的发展历史与趋势

早期的航空维修工艺较为简单,主要依赖人工目视检查和基本的机械工具进行维修。维修人员凭借经验对飞机的结构和部件进行检查和修复,如手工铆接、简单的焊接和机械加工等。随着航空技术的发展,飞机的结构和系统变得越来越复杂,航空维修工艺也逐渐向专业化、标准化方向发展,出现了专门的维修手册和操作规程,维修人员需要接受系统的培训和认证。例如,发动机维修发展出了严格的分解、清洗、检查、装配流程,并且针对不同型号的发动机有详细的维修标准。

近年来,随着材料科学、信息技术、自动化技术等领域的飞速发展,航空维修工艺迎来了新的变革,朝着智能化、绿色环保、集成化与协同化方向发展。

(1)智能化:利用人工智能、大数据、机器学习等技术实现维修过程的智能化决策。例如,通过对飞机运行数据的实时监测和分析,预测零部件的故障,提前安排维修计划;采用智能机器人对零部件进行检测和修复,提高维修的准确性和效率。

(2)绿色环保:采用环保型的维修材料和工艺,减少维修过程中的废弃物排放和能源消耗。例如,开发可生物降解的清洗溶剂,减少对环境的污染;推广冷喷涂等低温、低能耗的维修工艺,替代传统的热喷涂工艺。

(3)集成化与协同化:将多种维修工艺和技术集成到一个平台上,实现不同工艺之间的协同作业。例如,在航空发动机维修中,将无损检测、激光修复、增材制造等工艺集成,形成一个完整的维修链,提高维修的综合效果。同时,加强维修部门与飞机设计制造部门、航空公司运营部门之间的协同合作,实现信息共享和协同决策,优化整个航空产业链的维修环节。

任务评估

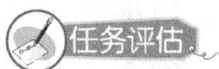

(一)航空维修工艺基础概念探究

任务评价表

评价表编号：

姓名			学号		
班级			完成时间		
序号	评价项目	评分标准		得分	得分说明
1	资料查阅全面性 （20分）	广泛查阅多种类型资料，涵盖国内外相关研究成果			
2	概念阐述准确性 （40分）	对基础概念的定义、内涵等解释准确无误，符合行业标准与学术规范			
3	个人思考深度 （40分）	对概念有自己独特的理解与思考，能够提出有价值的观点或见解			
4	完成态度 （10分）	积极参与项目并认真完成			
	总得分				

(二)航空维修工艺分类整理与对比

任务评价表

评价表编号：

小组名称			小组成员		
班级			完成时间		
序号	评价项目	评分标准		得分	得分说明
1	分类整理完整性 （20分）	对三大类维修工艺的各方面内容整理完整，无明显遗漏			
2	内容准确性 （20分）	工艺流程、工具设备等信息准确，符合实际维修情况			
3	对比分析深度 （30分）	从多个维度进行对比，分析深入，能准确指出异同点及原因			
4	展示效果 （30分）	PPT制作精良，展示过程清晰流畅，团队成员配合默契，回答问题准确合理			
	总得分				

(三)航空维修工艺发展历程案例分析

任务评价表

评价表编号：

姓名			学号		
班级			完成时间		
序号	评价项目	评分标准		得分	得分说明
1	案例选择代表性 (20分)	所选案例在航空维修工艺发展中有典型意义,能反映行业趋势			
2	发展阶段阐述 (30分)	对各阶段的技术特点、应用等描述详细准确,逻辑清晰			
3	影响分析全面性 (30分)	对维修行业各方面影响分析全面,数据和事例支撑有力			
4	报告撰写质量 (20分)	语言通顺,结构合理,格式规范,字数达标			
	总得分				

(四)简单维修场景工艺规划与讨论

任务评价表

评价表编号：

小组名称			小组成员		
班级			完成时间		
序号	评价项目	评分标准		得分	得分说明
1	工艺方案合理性 (30分)	工艺选择恰当,操作步骤合理,质量控制有效			
2	团队协作 (20分)	小组分工明确,成员积极参与,配合良好			
3	展示与讨论表现 (30分)	展示清晰,讲解到位,讨论中能积极提出建设性意见并尊重他人观点			
4	方案优化效果 (20分)	根据讨论能够对方案进行有效优化,体现学习与进步			
	总得分				

任务二 航空维修工艺流程

学习任务

一、任务背景

维修工艺流程是确保航空设备安全、高效运行的关键环节。它涵盖了从故障诊断、维修计划制定到具体维修操作以及质量检验等一系列有序的工作步骤。

二、学习目标

知识目标

(1)了解维修工艺流程在航空维修领域的重要性及其与航空安全、运营效率、成本控制的紧密联系。

(2)掌握维修工艺流程的基本组成部分,包括故障检测与诊断方法、维修方案制定原则、操作规范、质量检验标准及记录管理要求。

(3)熟悉飞机发动机、航空电子系统、机体结构等典型设备的维修工艺流程,明确各环节的工作内容和技术标准。

能力目标

(1)能够分析维修工艺流程中的实际问题(如故障诊断偏差、工艺衔接漏洞),运用逻辑树等方法提出优化建议。

(2)能够根据维修手册制定标准化操作方案,并规范执行质量检验与记录管理流程。

(3)能够系统化评估维修流程对安全、效率、成本的影响,形成多维度决策分析框架。

素质目标

(1)强化团队协作意识,在案例分析、方案制定等任务中主动沟通并高效整合团队资源。

(2)树立"安全零容忍"的责任意识,严格遵守适航规章和工艺规范的操作要求。

(3)培养持续改进思维,关注智能检测、预测性维修等新技术在工艺流程中的应用趋势。

三、任务安排

(一) 维修工艺流程基础理论学习 (个人任务,占总成绩 20%)

任务要求	自主查阅相关图书、学术文献、行业标准以及网络资源,系统学习维修工艺流程的基础理论知识
	整理并总结维修工艺流程的基本概念、主要环节及其相互关系,绘制维修工艺流程的框架图或思维导图,要求结构清晰、逻辑严谨、内容完整
	撰写一篇不少于 500 字的学习心得报告,阐述自己对维修工艺流程的理解和认识,分析其在航空维修中的重要作用,并结合实际案例说明维修工艺流程的应用情况
时间安排	课前 7 天:确定资料查阅渠道,开始收集与维修工艺流程基础理论相关的资料
	课前 4-6 天:整理资料,绘制框架图或思维导图,撰写学习心得报告
	课前 1-3 天:对报告进行修改完善,提交最终报告

(二) 常见航空设备维修工艺流程案例分析 (小组任务,每组 4-5 人,占总成绩 30%)

任务要求	以小组为单位,选择一种常见的航空设备(如飞机发动机、航空电子系统、机体结构等)作为研究对象,收集该设备的典型维修案例资料
	对所选案例的维修工艺流程进行详细分析,包括故障现象、故障诊断方法与过程、维修方案制定依据、维修操作步骤、质量检验方法与结果以及维修后设备的运行情况等内容
	制作一份维修工艺流程案例分析报告,报告应图文并茂,通过流程图、图表、图片等形式直观展示维修工艺流程的各个环节
	根据案例分析报告制作 PPT,并在课堂上进行展示汇报,汇报时间为 15-20 分钟,之后进行问答环节,接受教师和其他小组的提问与评价
时间安排	课前 7 天:小组分工,收集所选航空设备的维修案例资料
	课前 5-6 天:对案例资料进行整理分析,撰写案例分析报告
	课前 3-4 天:制作 PPT,对报告进行修改完善,进行小组内部预演
	课前 1-2 天:在课堂上进行小组展示汇报与问答环节

(三) 维修工艺流程优化设计 (小组任务,每组 4-5 人,占总成绩 30%)

任务要求	教师给定一个特定的航空维修场景或存在问题的维修工艺流程描述,各小组针对该场景或流程进行优化设计
	小组首先对给定的维修场景或流程进行深入分析,找出存在的问题和不足之处,如维修效率低下、成本过高、质量不稳定等

续上表

任务要求	基于对问题的分析,结合所学的维修工艺流程知识和相关技术手段,提出具体的优化方案。优化方案应包括优化目标、优化措施、实施步骤以及预期效果等内容
	制作一份维修工艺流程优化设计报告,详细阐述优化设计的思路、过程和结果。报告应具有可操作性和可行性
	各小组将优化设计报告制作成 PPT,并在课堂上进行展示汇报,汇报时间为 15-20 分钟,之后进行 10-15 分钟的问答环节,接受教师和其他小组的提问与评价
时间安排	课后 1 天:小组领取维修场景或流程任务,进行问题分析和优化方案讨论
	课后 2-3 天:撰写优化设计报告
	课后 4-6 天:制作 PPT,对报告进行修改完善,进行小组内部预演
	课后 7 天:在课堂上进行小组展示汇报与问答环节

(四)维修工艺流程实践模拟(个人任务,占总成绩 20%)

任务要求	学校航空维修实训中心将设置若干个模拟维修场景,根据自己的兴趣和时间安排,选择一个场景进行实践模拟操作
	在模拟维修过程中,需严格按照维修工艺流程的规范要求进行操作,包括故障诊断、维修计划制定、维修操作实施以及质量检验等环节
	记录自己在模拟维修过程中的操作步骤、遇到的问题及解决方法,填写模拟维修实践报告。实践报告应详细描述整个维修过程,分析自己在操作过程中的优点和不足之处,并提出改进措施和建议。报告字数不少于 500 字
时间安排	第 1 周:学生进行模拟维修场景实践操作,填写实践报告
	第 2 周:提交模拟维修实践报告

知识链接

一、维修工作的前期准备

1. 维修计划制定

维修计划的制定,要根据飞机的飞行小时数、起落次数、日历时间以及上次维修记录等信息,结合航空公司的运营计划和适航要求,详细进行。维修计划包括维修项目、维修周期、维修人员安排、所需的维修工具和设备以及维修材料清单等内容。例如,对于一架波音 737 客机,其飞行小时数达到 5000 小时后,计划安排一次 C 检,其中包括对机身结构的详细检查、发动机的部分拆解检查、航空电子设备的功能测试等项目,维修周期预计为 10 天,安排 5 名机械维修师、3名电子维修师参与,所需工具包括扳手、螺丝刀、扭矩扳手等,设备包括探伤仪、液压测试台等,材料包括密封胶、润滑油、铆钉等。

2.维修资料收集与熟悉

维修人员在开展维修工作前,必须收集并熟悉相关的维修资料,包括飞机的型号维修手册(AMM)、结构修理手册(SRM)、线路图手册(WDM)、发动机手册等。这些手册详细规定了飞机各个部件的维修程序、技术标准、安装要求等。例如,在维修飞机起落架时,维修人员要依据AMM中关于起落架的章节,了解起落架的拆解步骤、零部件的检查标准、装配扭矩要求等,确保维修工作按照规范进行。

3.维修工具与设备准备

根据维修计划和维修项目,将合格的维修工具和设备准备齐全。维修工具要定期进行校准和维护,确保其精度和可靠性。例如,扭矩扳手需要定期校准,保证其在拧紧螺栓时能够施加准确的扭矩。对于一些特殊的维修设备,如激光修复设备、无损检测设备等,要在维修前进行调试和试运行,确保设备正常工作。同时,要建立维修工具和设备的管理台账,记录其使用情况、维护记录和校准周期等信息。

二、故障诊断与检测

1.目视检查

维修人员首先对飞机进行目视检查,这是一种最基本但非常重要的检查方法。检查飞机的外观是否有损伤,如蒙皮的划伤、凹陷、裂纹;检查起落架的轮胎磨损情况,减震支柱是否有渗漏;检查发动机进气道、尾喷口是否有异物吸入或异常烧蚀痕迹等。例如,在检查飞机机翼蒙皮时,维修人员要在良好的光照条件下,沿着蒙皮表面仔细观察,查看是否有因鸟击、冰雹撞击等造成的损伤。

2.无损检测技术应用

(1)超声检测:利用超声波在材料中的传播特性,检测零部件内部的缺陷。例如,在检测发动机涡轮叶片时,通过向叶片发射超声波,根据超声波的反射波信号来判断叶片内部是否存在裂纹、气孔等缺陷。超声检测可以检测出微小的内部缺陷,并且对被检测部件的形状和表面要求相对较低。

(2)射线检测:采用X射线或γ射线穿透零部件,根据射线在穿透过程中的衰减情况来检测内部缺陷。这种方法适用于检测结构复杂、厚度较大的零部件,如飞机机身框架的焊接部位。射线检测可以清晰地显示出焊接内部的气孔、夹渣、未熔合等缺陷,但射线检测需要特殊的防护措施,以保护操作人员免受射线辐射。

(3)涡流检测:主要用于检测金属零部件表面和近表面的缺陷,如飞机铝合金蒙皮的腐蚀损伤、起落架钢部件的表面裂纹等。当交变磁场作用于金属部件时,会在部件表面产生涡流,若部件存在缺陷,涡流的分布和大小会发生变化,此时则可以通过检测涡流的变化来判断缺陷的存在。涡流检测速度快、操作简便,但对深层缺陷的检测能力有限。

3.机载系统自检测与数据分析

现代民航飞机配备了大量的机载自检测系统(BITE),这些系统能够实时监测飞机各个系统的运行状态,并记录相关数据。维修人员可以通过读取这些数据,分析飞机系统是否存在故障。例如,飞行控制系统的 BITE 可以记录飞行过程中的舵面指令与实际舵面位置的偏差数据,当偏差超过一定范围时,可能表示飞行控制系统存在故障。维修人员通过对这些数据的深入分析,可以快速定位故障源,提高故障诊断的效率。

三、零部件的拆卸与分解

1. 拆卸顺序确定

零部件正确的拆卸顺序,要根据维修手册和飞机的结构特点来确定。一般遵循先外后内、先附属部件后主部件的原则。例如,在拆卸飞机发动机时,首先要拆除发动机外部的管路、线束、附件等,然后再拆卸发动机与机身的连接螺栓,最后将发动机从飞机上吊离。在拆卸过程中,要做好标记和记录,以便在装配时能够正确安装。

2. 工具使用与操作规范

零部件的拆卸必须选择合适的拆卸工具,并按照正确的操作规范进行。对于螺栓的拆卸,要使用合适规格的扳手或套筒,按照规定的扭矩方向和大小进行松开操作。在拆卸过程中,要注意保护零部件的表面,避免造成划伤、磕碰等损伤。例如,在拆卸飞机起落架的减震支柱时,要使用专用的夹具固定支柱,防止其在拆卸过程中晃动而损伤表面涂层。

3. 零部件的标识与分类存放

对拆卸下来的零部件要进行清晰的标识,注明零部件的名称、编号、位置等信息。然后根据零部件的类别、损坏情况等进行分类存放。例如,将可继续使用的零部件、需要维修的零部件和报废的零部件分别存放在不同的区域,并做好防护措施,防止零部件在存放过程中受到二次损坏或丢失。

四、零部件的清洗与检查

1. 清洗方法与工艺选择

根据零部件的材料、污染程度和形状等因素,选择合适的清洗方法。常见的清洗方法包括化学清洗、超声波清洗、高压水射流清洗等。对于发动机内部的油污零部件,可以采用化学清洗方法,使用专门的清洗剂去除油污;对于精密的航空电子元件,可以采用超声波清洗,利用超声波的空化作用去除微小的污垢颗粒;对于飞机机身外部的大面积污垢,可以采用高压水射流清洗,但要注意控制水压力,避免对机身结构造成损伤。

2. 清洗后的检查与评估

对清洗后的零部件要进行全面的检查与评估。检查零部件的表面是否有损伤、腐蚀、磨损等情况。对于金属零部件,要检查其尺寸精度是否符合要求,例如轴类零部件的直径、长度等尺寸是否在规定的公差范围内。对于复合材料零部件,要检查其是否有分层、纤维断裂等缺陷。根据检查结果,确定零部件是否可以继续使用,如不能继续使用需要修复还是报废。例如,一个飞机起落架的轮毂经过清洗后,检查发现其表面有轻微的磨损,但磨损程度在允许的范围内,可以继续使用;而一个发动机叶片经过检查发现有严重的腐蚀坑,需要进行修复或更换。

五、零部件的修复与更换

1.修复工艺选择与实施

根据零部件的损坏情况和材料特性,选择合适的修复工艺。如对于铝合金结构件的轻微划伤,可以采用打磨、抛光等工艺进行修复;对于发动机涡轮叶片的裂纹,可以采用激光熔覆或焊接工艺进行修复;对于起落架的磨损部位,可以采用冷喷涂或电镀工艺进行修复。在实施修复工艺时,要严格按照工艺规范和技术标准进行操作。例如,在进行激光熔覆修复发动机叶片时,要精确控制激光的功率、光斑直径、扫描速度、送粉量等参数,确保修复层与基体的冶金结合良好,修复后的叶片性能满足要求。

2.零部件更换的标准与流程

当零部件损坏严重无法修复或修复成本过高时,需要进行更换。零部件更换要依据维修手册的规定,选择符合型号和规格要求的新零部件。在更换过程中,要注意新零部件的安装位置、方向和装配扭矩等要求。例如,在更换飞机发动机的燃油泵时,要确保新油泵的型号与原油泵一致,安装时要按照规定的扭矩拧紧连接螺栓,并连接好相关的管路和线束,然后进行必要的调试和测试,确保燃油泵工作正常。

六、装配与调试

1.装配顺序与工艺要求

按照与拆卸相反的顺序进行零部件的装配,并严格遵循装配工艺要求。在装配过程中,要对零部件进行清洁和润滑处理,确保装配的顺畅和零部件的使用寿命。例如,在装配飞机起落架时,先安装起落架的主支柱,然后依次安装减震器、刹车装置、轮胎等部件。在安装过程中,要对各连接部位进行清洁,涂抹适量的润滑脂,按照规定的扭矩拧紧螺栓。

2.调试与测试程序

装配完成后,要对飞机或相关系统进行调试与测试。对于飞机整机,要进行地面滑行测试,检查起落架的收放功能、刹车性能、转向性能等;对于航空发动机,要进行台架测试,检查发动机的启动性能、转速稳定性、推力输出等;对于航空电子设备,要进行功能测试,检查其通信、导航、飞行控制等功能是否正常。例如,在对飞机的飞行控制系统进行调试时,要通过专用的测试设备模拟各种飞行状态,检查飞行控制系统对舵面的控制是否准确、灵敏,各项保护功能是否正常工作。只有经过调试与测试合格的飞机或系统才能交付使用。

七、维修记录与文件整理

1. 维修记录的内容与格式

维修人员要详细记录维修过程中的各项信息,包括维修项目、维修时间、维修人员姓名、使用的工具和设备、更换或修复的零部件信息、维修工艺参数等。维修记录的格式要符合航空公司和适航部门的要求,一般采用表格或电子文档的形式。例如,在记录发动机维修时,要记录发动机的型号、序列号、维修日期、更换的零部件名称、编号、生产厂家、安装位置等信息,以及激光熔覆修复叶片时的激光功率、扫描速度等工艺参数。

2. 文件整理与存档

维修记录和相关的维修文件要进行整理和存档。这些文件包括维修计划、维修手册、检测报告、零部件采购发票等。存档的文件要按照规定的期限保存,以便在需要时进行查阅和追溯。例如,飞机的维修记录要保存至飞机退役后一定期限,以供适航部门检查和航空公司内部管理使用。良好的维修记录与文件整理有助于提高维修管理水平,为后续的维修工作提供参考依据,同时也是满足适航要求的重要环节。

任务评估

（一）维修工艺流程基础理论学习

任务评价表

评价表编号：

姓名			学号		
班级			完成时间		
序号	评价项目	评分标准		得分	得分说明
1	资料查阅全面性 （20 分）	广泛查阅多种类型资料,涵盖国内外相关研究成果和行业标准			
2	理论总结准确性 （30 分）	对维修工艺流程的基本概念、主要环节等总结准确无误,符合行业规范和学术要求			
3	框架图或思维导图质量 （20 分）	结构清晰、逻辑严谨、内容完整,能够准确反映维修工艺流程的整体框架和各环节之间的关系			
4	学习心得深度 （30 分）	对维修工艺流程的理解深刻,能够结合实际案例进行分析,提出自己的见解和思考,且引用文献规范			
	总得分				

(二)常见航空设备维修工艺流程案例分析

任务评价表

评价表编号：

小组名称				小组成员		
班级				完成时间		
序号	评价项目		评分标准		得分	得分说明
1	案例选择代表性 (20 分)		所选案例在该航空设备维修领域具有典型性和代表性,能够充分体现维修工艺流程的特点和要求			
2	案例分析深度 (30 分)		对案例的维修工艺流程分析全面、深入,涵盖故障诊断、维修方案制定、操作步骤、质量检验等各个环节,且分析准确、细致			
3	报告撰写质量 (20 分)		报告结构合理、条理清晰、内容详实,图文并茂,能够有效地展示案例分析的结果和结论,且字数符合要求			
4	展示汇报效果 (30 分)		PPT 制作精良,展示过程流畅、生动,团队成员配合默契,讲解清晰、准确,回答问题全面、深入,能够充分展示小组的研究成果和团队协作能力			
	总得分					

(三)维修工艺流程优化设计评估标准

任务评价表

评价表编号：

小组名称				小组成员		
班级				完成时间		
序号	评价项目		评分标准		得分	得分说明
1	问题分析准确性 (20 分)		对给定维修场景或流程存在的问题分析准确、深入,能够抓住关键问题和主要矛盾,且原因分析透彻			
2	优化方案合理性 (30 分)		优化方案具有针对性和可行性,能够有效解决存在的问题,优化目标明确,措施具体、可操作,实施步骤清晰,预期效果合理			
3	报告撰写质量 (20 分)		报告结构严谨、内容完整,详细阐述了优化设计的思路、过程和结果,且字数符合要求			
4	展示汇报效果 (30 分)		PPT 制作精美,展示过程流畅,团队成员分工明确、配合默契,讲解富有逻辑性和说服力,回答问题准确、迅速,能够充分展示小组的创新思维和团队协作能力			
	总得分					

（四）维修工艺流程实践模拟

任务评价表

评价表编号：

姓名			学号		
班级			完成时间		
序号	评价项目	评分标准		得分	得分说明
1	操作规范程度 （30分）	在模拟维修过程中，严格按照维修工艺流程的规范要求进行操作，操作步骤正确、规范，工具使用熟练、得当			
2	问题解决能力 （30分）	能够及时发现并有效解决模拟维修过程中遇到的各种问题，具备较强的独立思考和解决实际问题的能力			
3	实践报告质量 （20分）	实践报告内容详实、准确，能够详细描述维修过程，客观分析自己的优点和不足之处，并提出合理的改进措施和建议，且字数符合要求			
4	安全意识 （20分）	在模拟维修过程中，始终保持良好的安全意识，遵守安全操作规程，未出现任何安全事故或违规操作行为			
	总得分				

任务三　航空维修工艺案例分析

案例一：飞机机翼蒙皮腐蚀修复

1.故障情况

在一次定期检查中，发现一架波音 747 客机的机翼下表面蒙皮有多处腐蚀斑点。这些腐蚀斑点主要分布在靠近机翼前缘和襟翼附近区域，最大的腐蚀斑点面积约为 5cm×3cm，深度约为 1.5mm。经分析，腐蚀原因主要是由于飞机在潮湿环境下停放时间较长，且机翼表面的防护涂层局部破损，导致雨水和空气中的盐分侵蚀铝合金蒙皮。

2.维修工艺选择与实施

由于腐蚀深度较浅，维修人员决定采用打磨去除腐蚀层，然后重新喷涂防护涂层的修复工艺。首先，使用电动打磨工具，选用合适粒度的砂纸，对腐蚀斑点进行逐层打磨，直至去除所有腐蚀产物，并使表面达到规定的粗糙度要求。在打磨过程中，要注意控制打磨范围，避免对周围未腐蚀的蒙皮造成损伤。然后，对打磨后的表面彻底清洁，采用化学清洗和高压空气吹干相结合的方法，去除表面的灰尘、油污和杂质。

接下来,选择与原机翼蒙皮防护涂层相匹配的底漆和面漆进行喷涂。底漆采用环氧底漆,其具有良好的附着力和防腐性能。喷涂底漆时,要控制喷枪的距离、角度和喷涂压力,确保底漆均匀地覆盖在打磨后的表面上,厚度达到规定要求。待底漆干燥后,再喷涂面漆,面漆采用聚氨酯面漆,具有良好的耐候性和光泽度。同样要严格控制喷涂工艺参数,使面漆形成光滑、均匀的涂层,与周围的蒙皮颜色和外观一致。

3. 维修效果评估

维修完成后,对修复区域进行了全面检查与评估。首先通过目视检查,确认修复后的蒙皮表面平整、光滑,颜色与周边区域一致,无明显的瑕疵或涂层不均匀现象。采用涂层测厚仪对底漆和面漆的厚度进行测量,结果显示均在规定的厚度公差范围内,保证了涂层的防护性能。

为进一步验证修复效果,对修复区域进行了盐雾试验。将带有修复涂层的机翼蒙皮样板置于盐雾试验箱中,按照相关标准设定试验条件,经过规定时长的试验后,取出样板检查,未发现修复区域有新的腐蚀迹象,表明新喷涂的防护涂层能够有效地抵御盐雾环境的侵蚀,修复后的蒙皮具备良好的抗腐蚀能力,可满足飞机继续安全飞行的要求。

案例二:航空发动机涡轮叶片裂纹修复

1. 故障情况

某航空公司的一架空客 A320 飞机在飞行过程中,发动机监控系统提示发动机振动异常。飞机降落后,维修人员对发动机进行详细检查,发现高压涡轮叶片有一道长度约为 5mm 的裂纹。经分析,该裂纹是由于发动机在高温、高压和高转速的工况下,叶片承受热应力和机械应力的反复作用,导致材料疲劳而产生的。

2. 维修工艺选择与实施

考虑到涡轮叶片的重要性和高精度要求,维修团队决定采用激光熔覆修复工艺。首先,使用高精度的三维测量设备对叶片进行全面扫描,获取叶片的精确形状和裂纹位置信息,并建立详细的三维模型。根据模型数据,制定精准的激光熔覆修复方案,包括熔覆路径确定、熔覆材料选择以及工艺参数设定。

选用与涡轮叶片基体材料相匹配的高温合金粉末作为熔覆材料,这种合金粉末具有优异的高温强度、抗氧化性和抗疲劳性能。维修设备采用先进的光纤激光器,其具有高能量密度、良好的光束质量和稳定性。在激光熔覆过程中,将激光器的功率设定为 2.5kW,光斑直径控制在 1.5mm,扫描速度为 8mm/s,送粉量为 8g/min。通过计算机控制的多轴联动工作台,确保激光束按照预定的熔覆路径精确地作用在叶片裂纹部位,使高温合金粉末均匀地熔覆在裂纹处,形成与基体冶金结合的修复层。

熔覆完成后,对修复后的叶片进行机械加工处理,去除多余的熔覆材料,使叶片恢复到原始的尺寸精度和气动外形。然后进行高温热处理,以消除熔覆过程中产生的残余应力,提高修复层的组织稳定性和抗疲劳性能。

3. 维修效果评估

维修后的叶片经过了严格的无损检测。采用 X 射线探伤技术对修复层内部进行检测,未发现气孔、未熔合等缺陷;超声检测结果显示修复层与基体的结合良好,无明显的界面缺陷;金相分析表明修复层的微观组织均匀,晶粒细小,与基体之间形成了良好的冶金结合。

对修复后的发动机进行台架试验,模拟发动机在各种工况下的运行情况,监测发动机的振动、温度、压力等参数。试验结果显示,发动机运行平稳,各项参数均在正常范围内,修复后的涡轮叶片能够正常适应高温、高压和高转速的工作环境,发动机的性能恢复到故障前的水平,确保了飞机的飞行安全和可靠性。

案例三:飞机起落架液压系统泄漏修复

1. 故障情况

在对一架波音 737 飞机在日常维护检查中,发现起落架液压系统存在泄漏现象。维修人员通过对液压管路和部件的逐一检查,确定泄漏源为起落架减震支柱上的一个液压密封件损坏。由于密封件老化和长期承受高压作用,其密封性能下降,液压油从密封处渗出。

2. 维修工艺选择与实施

针对这一故障,维修工艺主要包括密封件的更换和液压系统的清洗与测试。首先,将起落架减震支柱从飞机上拆卸下来,并分解到可以更换密封件的程度。在拆卸过程中,小心地收集液压油,避免泄漏和污染环境。然后,取出损坏的密封件,对密封槽进行彻底清洁,去除旧密封件的残留物和杂质,检查密封槽的表面是否有损伤,如有必要,进行修复或打磨处理,以确保新密封件能够良好地安装和密封。

选择与原密封件型号和规格完全相同的新密封件,按照正确的安装方法将其安装到密封槽内。在安装过程中,使用专用工具确保密封件安装到位,无扭曲或变形现象。密封件安装完成后,对起落架减震支柱进行重新组装,并安装回飞机上。

在重新组装完成后,对起落架液压系统进行全面清洗。使用专门的液压系统清洗设备,将清洗液注入液压管路和部件中,循环清洗,以去除系统内的杂质、污垢和残留的旧液压油。清洗完成后,用干净的液压油对系统进行冲洗,确保系统内无清洗液残留。

最后,对起落架液压系统进行压力测试。连接液压测试设备,按照规定的压力值对液压系统进行加压,检查系统是否存在泄漏现象。在测试过程中,密切观察液压管路、接头和密封部位是否有油液渗出,同时监测液压系统的压力保持情况。

3. 维修效果评估

经过压力测试后,起落架液压系统无泄漏现象,压力能够稳定地保持在规定范围内。对飞机进行地面滑行测试,多次收放起落架,检查起落架的动作是否顺畅、平稳,减震效果是否正常。测试结果表明,起落架的各项性能均恢复正常,液压系统的泄漏问题得到彻底解决,飞机可以安全地投入运营。通过对该案例的维修过程和效果进行评估,可以看出准确的故障诊断和规范的维修工艺操作对于保障飞机起落架液压系统的正常运行至关重要。

案例四:航空电子设备线路板故障修复

1. 故障情况

某架民航客机在飞行途中,机载通信系统突然出现间歇性故障。飞机落地后,维修人员对航空电子设备进行全面检查,发现通信系统的线路板上有部分元件焊点出现虚焊现象,同时有一个电容的外观有轻微鼓包。经分析,虚焊可能是飞机在飞行过程中遭遇的颠簸和振动,导致线路板上的焊点长期受力而松动;电容鼓包则是因为其长时间在高温环境下工作,内部电解质发生变化,导致压力升高。

2.维修工艺选择与实施

对于虚焊问题,维修人员采用了精密的热风回流焊工艺进行修复。首先,使用专业的线路板检测设备,定位到所有虚焊的焊点,然后对线路板进行局部加热,将温度精确控制在焊料的熔点以上,使松动的焊料重新熔化并与线路板和元件引脚形成良好的连接。在加热过程中,使用高精度的温度传感器实时监测温度变化,确保温度均匀稳定,避免对线路板上其他元件造成热损伤。

对于鼓包的电容,维修人员选择将其更换。先使用精密的焊接工具将损坏的电容从线路板上拆除,在拆除过程中,小心地避免对线路板的铜箔线路造成损伤。然后,根据线路板的原理图和元件规格要求,选取相同型号、参数的电容进行更换。更换时,严格控制焊接时间和温度,确保新电容的引脚与线路板焊接牢固,且无短路或虚焊现象。

完成焊接修复和电容更换后,对线路板进行全面的清洁处理,使用专用的电子清洁剂去除线路板表面的灰尘、油污和助焊剂残留,防止这些杂质对线路板的电气性能产生不良影响。

3.维修效果评估

将维修后的线路板重新安装到航空电子设备中,并进行了一系列的功能测试。首先进行了通信系统的自检程序,系统顺利通过自检,未发现任何故障代码。接着进行了模拟飞行状态下的通信测试,包括与地面指挥中心的语音通信、数据传输等功能测试,通信系统在各种测试场景下均能稳定、正常地工作,信号质量良好,无任何中断或异常现象。此外,还对线路板的电气参数进行了测量,如电阻、电容值、电压等,测量结果均在正常的公差范围内,表明线路板的修复工作成功,航空电子设备恢复正常运行,保障了飞机的通信功能和飞行安全。

案例五:飞机复合材料结构件损伤修复

1.故障情况

在一次飞机地面检查中,发现一架新型复合材料机身结构的客机,其机身腹部有一处受到外物撞击损伤。损伤区域呈椭圆形,长轴约为30cm,短轴约为20cm,损伤深度约为5mm,复合材料的表层出现了分层、纤维断裂等现象,内部结构也有一定程度的损伤。

2.维修工艺选择与实施

由于复合材料结构的特殊性,维修人员采用了真空辅助树脂灌注修复工艺。首先,对损伤区域进行清理,使用专用的切割工具去除损伤部位松散的纤维和树脂碎片,然后用丙酮等溶剂对表面进行清洁,去除油污和杂质,以确保修复材料能够良好地与基体结合。

接着,在损伤区域周围粘贴隔离胶带,防止树脂溢出。然后铺设预成型的纤维布,根据损伤的深度和面积,选择合适层数和类型的纤维布,如碳纤维或玻璃纤维布,以恢复结构的强度。在纤维布铺设完成后,布置树脂灌注管路和真空袋系统。

将调配好的环氧树脂注入灌注管路,同时启动真空设备,在真空压力的作用下,树脂均匀地渗透到纤维布中,填充所有的空隙,确保修复部位的密实度。灌注完成后,保持真空状态一段时间,使树脂充分固化。在树脂固化过程中,严格控制环境温度和湿度,按照树脂的固化工艺要求进行操作。

树脂固化后,拆除真空袋系统和灌注管路,对修复区域进行打磨和修整,使其表面光滑平整,与周围的机身结构外形相匹配。最后,对修复区域进行喷漆处理,使其颜色与机身整体一致,恢复飞机的外观。

3.维修效果评估

修复完成后,采用多种检测手段对修复区域进行评估。首先进行超声检测,检测结果显示修复部位内部结构均匀,无明显的孔隙或分层现象,树脂与纤维的结合良好。然后进行力学性能测试,在修复区域和周边未损伤区域分别粘贴应变片,施加模拟飞行载荷,测量应变值,对比结果表明修复区域的力学性能达到了原结构的85%以上,能够满足飞机的结构强度要求。此外,通过目视检查和表面粗糙度测量,修复区域的外观和表面质量也符合相关标准,飞机经过修复后顺利通过适航检查,重新投入运营。

任务拓展

请参考维修工艺案例编写一个飞机损伤和故障的维修工艺。

模块测试

一、选择题

1. 航空维修工艺按维修对象分类不包括以下哪项?
   A. 机体维修工艺　　　　　　　　　　　B. 预防性维修工艺
   C. 航空电子设备维修工艺　　　　　　　D. 发动机维修工艺

2. 下列无损检测技术中,主要用于检测金属零部件表面缺陷的是(　　)。
   A. 超声检测　　　　　　　　　　　　　B. 射线检测
   C. 涡流检测　　　　　　　　　　　　　D. 磁粉检测

3. 激光熔覆修复涡轮叶片时,激光功率通常设置为(　　)。
   A. 1.0kW　　　　B. 2.5kW　　　　C. 5.0kW　　　　D. 10kW

4. 预防性维修的主要依据是(　　)。
   A. 突发故障后立即执行　　　　　　　　B. 基于预定的维修计划和时间间隔
   C. 飞行员的直接指令　　　　　　　　　D. 航空公司的经济效益

5. 维修记录需保存至(　　)。
   A. 飞机首次飞行后　　　　　　　　　　B. 维修完成后1年
   C. 飞机退役后一定期限　　　　　　　　D. 无需存档

6. 飞机起落架液压系统泄漏修复的关键步骤是(　　)。
   A. 直接更换整条液压管路　　　　　　　B. 拆卸、更换密封件、清洗、压力测试
   C. 仅进行目视检查　　　　　　　　　　D. 增加液压油容量

7.复合材料结构件损伤修复常用的工艺是( )。

    A.手工铆接   B.真空辅助树脂灌注

    C.高温焊接   D.冷喷涂

8.航空电子设备线路板虚焊修复应采用( )。

    A.火焰焊接   B.热风回流焊

    C.手工锡焊   D.激光焊接

9.维修计划制定的依据不包括( )。

    A.飞行小时数   B.航空公司运营计划

    C.飞行员个人偏好   D.适航要求

10.绿色环保维修工艺的典型代表是( )。

    A.热喷涂   B.冷喷涂   C.化学电镀   D.高压水射流清洗

二、填空题

1.航空维修工艺按维修对象分为_____、_____、_____三大类。

2.超声检测主要用于检测零部件_____缺陷。

3.维修记录需保存至飞机_____后一定期限。

4.激光熔覆修复涡轮叶片时,扫描速度通常为_____。

5.液压系统压力测试的目的是验证系统_____。

6.涡流检测对_____缺陷的检测能力有限。

7.预防性维修的典型案例是对发动机进行_____。

8.目视检查飞机蒙皮时需在_____条件下进行。

9.复合材料修复中常用的树脂类型是_____。

10.维修计划需明确_____、维修周期、人员安排及工具清单。

三、判断题

1.预防性维修在故障发生后才执行。   ( )

2.涡流检测可以检测金属零部件深层的内部缺陷。   ( )

3.液压系统清洗完成后可直接进行压力测试。   ( )

4.激光熔覆修复后需进行高温热处理以消除残余应力。   ( )

5.复合材料修复后的力学性能需达到原结构的85%以上。   ( )

四、解答题

1.简述维修计划制定的主要依据。

2.目视检查在航空维修中的重要性是什么?

3.液压系统压力测试的操作步骤包括哪些?

4.真空辅助树脂灌注修复复合材料的核心步骤是什么?

5.激光熔覆修复工艺中需控制哪些关键参数?

五、论述题

1. 论述智能化维修技术对航空维修工艺流程的影响。

2. 分析绿色环保维修工艺在航空领域的应用意义。

3. 比较传统维修工艺与复合材料修复工艺的异同。

4. 如何通过团队协作优化多工种协同维修任务?

六、案例分析题

案例1:某飞机发动机涡轮叶片出现裂纹,维修团队选择激光熔覆工艺修复。

1. 分析选择该工艺的依据。

2. 简述修复后需进行的检测项目及目的。

案例2:飞机机翼蒙皮腐蚀修复后需评估修复效果。

1. 列举三种评估方法并说明其作用。

2. 若修复涂层厚度不足,可能引发哪些问题?

模块三
MODULE THREE
航空维修文件的编制与管理

模块导学

　　本模块聚焦于航空维修文件的编制与管理。航空维修文件是保障维修工作安全、规范、高效开展的关键依据，承载着维修全程的指令、记录与信息传递重任。本教材将深入介绍维修文件的重要性。从安全角度，精准的文件指引能避免维修失误，保障飞行安全；就规范性而言，它统一维修标准，确保操作符合行业规范；在高效性上，清晰的文件助力维修流程顺畅推进。同时，本书还将系统介绍维修文件编制的原则，如准确性、完整性、实用性等；阐述编制方法，包括文件结构规划、内容撰写技巧等；解析编制流程，从需求分析到文件审核定稿。此外，还会讲解维修文件的有效管理方法，例如分类存储、版本控制、检索利用等，以确保维修文件的质量与连续性，为日后从事航空维修工作筑牢基础。

任务一　航空维修文件编制流程

学习任务

一、任务背景

　　航空维修文件是确保航空维修工作安全、规范、高效进行的重要依据，它涵盖了维修过程中的各种指令、记录和信息传递。本章节任务旨在使学生深入理解航空维修文件的重要性，掌握其编制的原则、方法和流程，以及学会如何有效地管理维修文件，以保障航空维修工作的质量和连续性。

二、学习目标

知识目标

(1)掌握 AMM、FIM、SRM 等核心文件的用途差异。

(2)熟悉维修文件从数据收集、编写、审核到发布的完整流程,明确各环节关键要求。

(3)了解 CCAR、FAR 等航空法规对文件内容、格式及更新的强制性标准。

能力目标

(1)能够发现技术参数错误、逻辑矛盾或安全警告缺失。

(2)能够将技术数据转化为清晰、无歧义的维修步骤。

素质目标

(1)始终以飞行安全为核心,确保文件内容无安全隐患。

(2)严格执行文件编制标准,杜绝模糊表述或违规操作风险。

三、任务安排

(一)维修文件基础理论学习与调研(个人任务,占总成绩 20%)

任务要求	学生自主查阅相关教材、法规标准(如 CCAR-145、AC-145-XX 等)、行业指南以及网络资源,深入学习航空维修文件的基础理论知识,包括定义、分类、重要性、编制依据等内容
	针对某一种特定类型的航空维修文件(如飞机维修手册),进行详细的调研分析,了解其在国内外不同航空公司或维修机构中的编制特点、差异以及发展趋势
	撰写一篇不少于 1500 字的学习与调研报告,要求内容详实、逻辑清晰,阐述自己对维修文件基础理论的理解,分析所调研维修文件的现状和未来走向,并提出至少三条关于改进该类维修文件编制或管理的建议,在报告中需引用至少 5 篇不同来源的参考文献,并按照规范的学术引用格式进行标注
时间安排	第 1-2 周:确定资料查阅渠道,开始收集与航空维修文件基础理论及特定文件调研相关的资料
	第 3 周:整理资料,撰写学习与调研报告
	第 4 周:对报告进行修改完善,提交最终版学习与调研报告

(二)维修文件编制实践(小组任务,每组 4~5 人,占总成绩 30%)

任务要求	以小组为单位,根据教师给定的航空维修任务场景(如某型号飞机起落架的定期维护、某航空发动机特定故障的排除等),按照实际维修工作要求和规范,编制一套完整的维修文件,包括维修工作指令(工卡)、所需的维修记录表格以及可能涉及的故障报告模板等

任务要求	在编制过程中,严格遵循维修文件编制的基本原则和相关法规标准,确保文件内容的准确性、完整性和可操作性。文件应采用合适的格式和排版,语言表达清晰、简洁、易懂,能够准确指导维修人员完成相应的维修工作
	对编制完成的维修文件进行内部审核和修订,小组成员相互检查,查找可能存在的问题和不足之处,并进行修改完善。同时,记录编制过程中遇到的问题、解决方法以及团队成员的分工与协作情况
	制作一份维修文件编制实践报告,详细描述维修任务场景、文件编制的过程和依据、审核修订情况以及团队协作经验总结等内容。报告字数不少于2000字,并附上编制完成的全套维修文件
时间安排	第5-6周:小组领取维修任务场景,进行资料收集和分析,确定维修文件编制的总体框架和思路
	第7-8周:分工编制维修工作指令、维修记录表格和故障报告模板等文件
	第9周:进行内部审核和修订,撰写维修文件编制实践报告
	第10周:对报告进行修改完善,提交最终版报告及维修文件

(三)维修文件管理系统设计与模拟(小组任务,占总成绩30%)

任务要求	各小组根据所学的维修文件管理知识,结合现代信息技术(如数据库管理系统、文档管理软件等),设计一个适用于小型航空维修单位的维修文件管理系统方案
	系统方案应包括系统的功能模块设计(如文件存储、检索、更新、版本控制、用户权限管理等)、数据结构设计(确定需要存储的文件信息和相关数据的组织方式)、操作流程设计(维修人员和管理人员如何使用系统进行文件操作)以及系统的安全性和可靠性设计等方面
	利用合适的软件工具(如Microsoft Access、Excel等)对设计的维修文件管理系统进行简单的模拟实现,创建数据库表结构、设计用户界面(至少包括文件录入、查询、修改和删除等功能界面),并录入一些模拟的维修文件数据进行系统测试,验证系统的可行性和有效性
	制作一份维修文件管理系统设计与模拟报告,详细阐述系统设计的思路、过程和结果,包括功能模块、数据结构、操作流程等的设计说明,以及模拟实现的过程和测试情况分析。报告字数不少于2000字,并附上系统设计的相关图表(如数据库E-R图、系统功能模块图、用户界面截图等)和模拟实现的软件文件(如Access数据库文件、Excel工作簿文件等)
时间安排	第11-12周:小组进行维修文件管理系统方案设计,确定系统的各项功能和技术要求
	第13周:利用软件工具进行系统模拟实现,进行初步测试和调试
	第14周:撰写维修文件管理系统设计与模拟报告,对系统进行进一步优化和完善
	第15周:对报告进行修改完善,提交最终版报告及相关附件

（四）维修文件案例分析与交流（个人任务，占总成绩20%）

任务要求	教师提供若干个真实的航空维修文件案例（包括成功案例和存在问题的案例），学生个人选择一个案例进行深入分析
	分析案例中维修文件的编制特点、优点和不足之处，从维修工作的实际执行效果、适航性要求满足情况、文件管理的便利性等多个角度进行评估。对于存在问题的案例，提出具体的改进措施和建议
	撰写一篇不少于1000字的维修文件案例分析报告，要求分析深入、全面，建议具有针对性和可操作性。在报告中需引用相关法规标准和维修文件编制与管理的理论知识作为依据
时间安排	第16周：学生选择案例，进行资料收集和分析，撰写案例分析报告
	第17周：对报告进行修改完善，提交最终版案例分析报告

知识链接

一、航空维修方案的内容要求

（一）文件编制中的常见名词

1. 适航指令（Airworthiness Directives，AD）

适航指令是航空器审定国或航空器注册国适航当局针对那些经过型号审定后，在某一民用航空器、发动机及其他机载设备上发现的很可能存在于或发生于采用同型号设计的其他民用航空产品中的不安全状态所制定的强制性检查要求、改正措施和使用限制。

2. 服务通告（Service Bulletin，SB）

服务通告是航空产品设计、生产厂家根据自身和用户信息，改进所生产的航空产品可靠性或使用的安全性，是对用户的一种技术服务措施和对自身生产技术改进的要求，通告是对航空产品实施检查、重复检查、改装或使用寿命更改等技术要求。

3. 服务信函（Service Letter，SL）

服务信函通常为航空器制造厂家发布的一种针对飞机、系统或部附件的使用说明、建议性改装或检查等的信息类技术文件。

4. 工程指令（Engineering Order，EO）

工程指令是一种航空公司内部发布的技术文件，用于指导特定维修任务的执行。EO是用于保证飞机、发动机、部附件持续适航性的指令性文件，主要是针对飞机、发动机、部附件等根据适航指令（AD）、服务通告（SB）/服务信函（SL）以及中国民航局和营运人用于执行改装、手册修订、修理和检查的指令。工程指令属于例行工卡。

5. 航空器计划维修要求(Scheduled Maintenance Requirements, SMR)

航空器计划维修要求是指航空器制造厂家对新型号或衍生型号航空器提出建议并由航空器评审部门(AEG)或维修审查委员会(MRB)批准或认可的计划维修任务。计划维修要求可以写入航空器维修手册中(通常第四章为适航性限制章节,第五章为航空器制造厂家建议的计划维修要求),也可以编制单独的文件,有些国家民航当局以维修审查委员会报告(MRBR)的方式予以批准或公布。

6. 审定维修要求(Certification Maintenance Requirements, CMR)

审定维修要求是在航空器系统适航审定期间建立的计划维修任务,并且作为型号合格审定的运行限制要求。CMR 是基于一个与维修指导小组(Maintenance Steering Group, MSG)分析方法完全不同的分析过程发展的维修任务。CMR 仅是一种失效发现任务,用于探测和发现潜在的、存在显著安全隐患的危险或致命的失效状况。CMR 仅仅确认危险或致命的失效状况是否发生,但并不提供任何预防性维护措施,而是通过必要的修理或更换使航空器恢复到正常的适航状态。原则上不得对 CMR 任务规定的要求和范围进行更改。

7. 适航性限制(Airworthiness Limitations, AWL)

适航性限制是指持续适航文件(Instruction for Continued Airworthiness)中规定的强制性维修任务,包括所有强制的更换时限或检查门槛值、重复检查间隔和检查程序。适航性限制的要求应得到型号审定部门的批准,其更改应由型号审定部门作出。

8. 维修计划文件(Maintenance Planning Document, MPD)

维修计划文件是由航空器制造厂家提供的该型航空器所必须的维护信息和方案,航空器运营人可依据该方案制定适合自己机队情况的维护计划。该方案包含了所有制造厂家推荐的、满足制造国当局持续适航要求的维修任务和计划。方案中所有维修任务和计划来源于不同方面对该型航空器持续适航的要求,下面列出了其中的几种可能来源(但并非仅限于这几种来源)。

(1)该型航空器最新版的维修审查委员会报告;

(2)该型航空器的服务通告;

(3)该型航空器的服务信函;

(4)制造国当局颁发的该型航空器的适航指令;

(5)该型航空器型号审定维修要求;

(6)该型航空器结构适航限制项目要求;

(7)发动机、辅助动力装置、零部件制造厂家的相关维护要求。

注:服务通告、服务信函和适航指令必须由运营人确认后,将适用于自己机队的要求融入自己的维修方案中。

9. 新运营人(New Operator)

新运营人指首次使用某种型号航空器的运营人。需要特别说明的是,不论某运营人首次使用的某型号的航空器是全新的还是使用过的,都视该运营人为新运营人。

10. 维修指导小组(Maintenance Steering Group 2, MSG-2)

MSG-2 是基于 MSG-1 发展的维修分析逻辑方法,由美国航空运输协会(ATA)以"航空公司/制造人维修大纲计划文件"的形式予以发布,主要用于1980年以前设计、生产的航空器。MSG-2是针对维修方式的分析逻辑,其分析结果是采取定时、视情、监控等具体维修方式。

11. MSG-3

MSG-3是基于MSG-2发展的维修分析逻辑方法,由国际维修评审政策委员会(IMRBPB)、美国航空运输协会(ATA)联合制定并由美国航空运输协会(ATA)以"航空公司/制造人维修大纲制定文件"的形式予以发布。MSG-3是针对维修任务的分析逻辑,其分析结果是实施润滑或保养、功能测试、检查(包括目视检查、详细检查或特殊检查)、恢复或报废等具体的维修任务。

12. 例行工卡(Routine Card)

例行工卡针对民航飞机规定的例行维护检查和修理项目而编制的工卡,通常包括定期工卡和航线工卡。航空器的营运人通常会以维修计划文件(MPD)为基础,结合使用环境和维修建议,制定维修方案(Maintenance Schedule,MS),此维修方案经过适航当局批准,即成为航空器营运人例行维修工作的法定文件。例行工卡主要依据维修方案编制。

13. 非例行工卡(Non-Routine Card)

非例行工卡是在飞机维修工程中,当工作者或检验人员根据例行工卡工作检查发现损伤或缺陷,或者机械员报告飞机存在损伤或缺陷时开出的工作单/卡。非例行工卡通常由航空公司的工程技术人员或授权人员提供和编写,大多数为现场手工编写。

14. 审定维修要求(Certification Maintenance Requirement,CMR)

审定维修要求是在航空器设计、审定期间,作为型号合格审定运行限制而要求的定期维护检查任务。

15. 维修审查委员会(Maintenance Review Board,MRB)

MRB包含了对航空器、在翼发动机维修方案的初始最低维护检查要求扩展双发飞机运行标准(Extended-range Twin-engine Operational Performance Standards,ETOPS)。ETOPS规定了双发飞机执行长距离越洋飞行的运行标准和要求。

16. 适航限制项目(Airworthiness Limit Item/Airworthiness Limitations,ALI/AWL)

适航限制项目是在型号审定过程中规定的某些结构项目(包括机体、发动机、螺旋桨)的使用限制。

17. 必检项目(Required Inspection Items,RII)

必检项目指在维修过程中必须进行检查的项目。

(二)航空器维修方案的内容

1. 一般信息

包括方案的适用性、航空器使用特点和利用率、名词术语解释、维修方案控制和使用说明等。

2. 载重平衡控制

包括空重及重心的控制、称重计划等,但可不包括客、货配载控制部分。

3. 航空器计划检查和维修任务

指按规定的间隔进行日常检查、测试和维修,还包括以工作单卡形式说明正确实施、记录这些工作的详细指南和标准。

4. 航空器非计划检查和维修任务

指由计划的检查和维修任务、机组报告、故障分析或其他迹象而导致的需要进行维修及对应记录的程序、指南和标准。

5. 发动机、螺旋桨和部件的修理和翻修

包括发动机、螺旋桨和部件有关的计划和非计划离位修理和翻修,还应当包括这些维修及对应记录的指南和标准。

6. 结构检查/机身翻修

包括按照规定间隔进行的有关结构检查和机身翻修,还应当包括这些维修及对应记录的指南和标准。

7. 必检项目

指那些如果不正确地实施维修或使用了不当的部件将会危及飞行安全的维修项目,运营人应当以明显的方式在工作单卡中标明,并规定对实施这些工作的人员的资格要求和程序。必检项目可能在维修方案中的所有上述计划和非计划维修任务出现,典型的必检项目如下,但航空运营人还应当通过对安全性、可靠性和经济性的分析,在确定必检项目时不局限于以下所列的维修项目。

(1)飞行操纵系统及其操纵面的安装、装配和调节;

(2)重要结构部件的安装和修理;

(3)发动机和螺旋桨的安装,发动机、螺旋桨、传动装置、齿轮箱和导航设备等部件的翻修或校准。

8. 维修资料的使用

包括在实施所有上述维修所应依据的航空器及其部件制造厂家提供的、民航局批准的技术资料的说明,还包括实施这些工作所应遵循的航空运营人本身制定并得到批准或认可的具体管理手册、工作程序。对维修资料的使用可以集中说明,也可以在维修方案的各部分及有关的工作单卡中分别说明。

(三) 其他内容

航空运营人还应当根据其运行的航空器适用情况,按照 AC-121-65 或其后续修订版的要求制定保持航空器结构持续完整性的文件。这些文件可以以单独的形式或者结合到整体的航空器维修方案中,但不论何种形式都应当随同维修方案获得中国民航局的批准。

二、航空维修技术文件组成

《民用航空器维修单位合格审定规则》(CCAR-145)部对维修单位必备的维修技术文件要求包括维修工作实施依据文件和维修工作单卡。维修技术文件不但是规范开展维修工作的必

备条件,更是保障和表明航空器持续适航性的重要依据。最主要的维修工作实施依据文件是航空器及其部件制造厂家发布的持续适航文件,但不限于此,制造厂家还会基于工程批准编制多种服务文件用于解决维修过程中遇到的具体问题。另外,某些国家、行业标准和规范也是维修单位在维修活动中必须遵守的,包括被航空器及其部件制造厂家的持续适航文件直接引用的标准或者规范。在某些情况下,航空运营人、维修单位还可以或者有必要依据航空器及其部件制造厂家的维修实施依据文件编制自己的维修技术文件,并替代航空器及其部件制造厂家的文件作为实施维修工作的依据文件。

维修工作单卡的主要目的是明确维修工作步骤并记录所完成的维修工作,需要维修单位根据维修实施依据文件编制。维修工作单卡又分为例行和非例行两类,分别针对计划维修工作和非计划维修工作,完成并填写后的维修工作单卡是维修记录的主要组成部分。维修工作单卡的具体维修工作步骤的详细程度需适度,否则,既可能会因过于繁琐造成不必要的人为因素而适得其反,也可能会因维修实施依据文件的动态性增加管控难度,违背要求的初衷。

1.技术文件

"技术文件"作为专用名词,最早出现在1975年颁布的《中国民用航空机务条例(试行稿)》,该文件明确飞机技术文件包括:

(1)飞机维护细则、技术说明书或磨损、维护手册等;

(2)飞机登记证、适航证、电台许可证;

(3)技术指示和机务通告;

(4)航空技术装备的履历本、合格证或证明书;

(5)飞行记录本、技术鉴定报告表和维护工作单;

(6)飞机试飞报告表、飞机交接事实录等技术记录报表。

1983年颁布的《机务工程条例》将"技术文件"缩小为两类,第一类为厂家颁布的手册、适航指令、通告、最低设备清单;第二类为工程技术部门颁发的技术文件、规范、标准、通告等。

此后颁布的CCAR-145及其修订版本,未专门对"技术文件"进行解释,本书仍将《机务工程条例》中的定义作为参考标准。CCAR-145 R4则对技术文件所包含的内容进行了扩大,对于持续性适航文件与技术文件的范围,如图3-1-1所示。

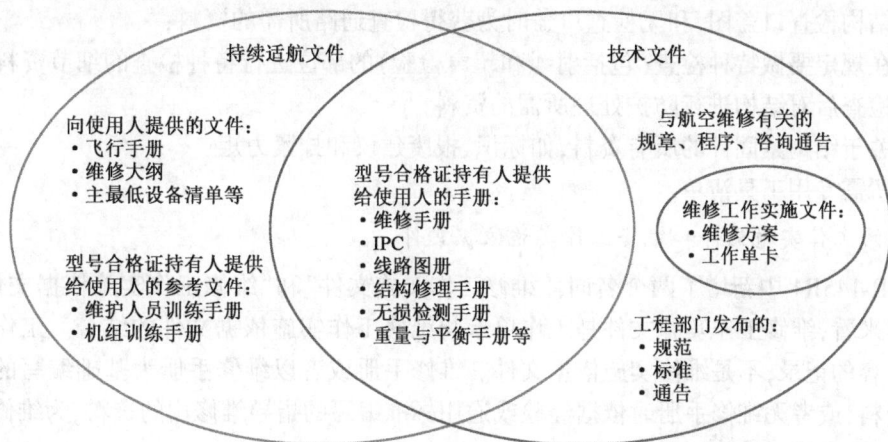

图3-1-1 持续性适航文件与技术文件的关系

2. 适航性资料

"适航性资料"作为专用名词,晚于"技术文件"出现,首次使用是在 1993 年颁布的 CCAR-145 R1,定义为"保证航空器或航空器部件的适航性及可用性而必需的任何适航文件"。

在 2002 年颁布的 CCAR-145 R2 中,将"适航性资料"明确为:

(1)与航空维修有关的规章、程序、咨询通告等;

(2)厂家发布的手册、通告、信函等;

(3)送修人提供的维修方案、手册和工作单等。

2005 年颁布的 CCAR-145 R3 基本维持此含义不变。"适航性资料"的出现应该与 1987 年《中华人民共和国民用航空器适航管理条例》的颁布有关,此后中国民航全面推广现代适航管理体系。

3. 持续适航文件

持续适航文件(Instructionsfor Continued Airworthiness,ICA)是一个舶来词,在美国联邦航空管理局(FAA)、欧洲航空安全局(EASA)中均有这个词,这也是一个极易与"适航性文件"混淆的词。

中国民用航空规章《航空器的持续适航文件》(AC-91-011R2)中,航空器持续适航文件的范围包括:

(1)航空器使用、维修及其他保持航空器持续适航的限制、要求、方法、程序和信息;

(2)航空器所安装的发动机、螺旋桨、机载设备与航空器接口的信息;

(3)航空器机载设备和零部件的维修方法、程序和标准(可以直接使用机载设备和零部件制造厂家编制的单独手册)。

在《航空器的持续适航文件》中,"持续适航文件"是由航空器制造厂家制定的,并且在航空器交付或者首次颁发标准适航证前,需获得适航审定部门和飞行标准司航空器评审(AEG)部门的批准和认可。

在审定规章 CCAR-23/25 部中,"持续适航文件"包含:

(1)飞机维护手册;

(2)维护说明书;

(3)结构检查口盖图,和无检查口盖时为获得检查通路所需的资料;

(4)在规定要做特种检查(包括射线和超声检验)的部位进行特种检查的细节资料;

(5)检查后对结构进行防护处理所需的资料;

(6)关于结构紧固件的所有资料,如标识、报废建议和拧紧力矩;

(7)所需专用工具清单。

4. 维修工作实施文件和维修工作实施依据文件

CCAR-145R4 中新增了两个名词:"维修工作实施文件"和"维修工作实施依据文件"。从规章内容来看,维修工作实施文件是工作单卡与维修工作实施依据文件的结合。工作单卡是对工作内容的记录,不是维修实施依据文件。维修手册或者以维修手册为基础编写的指导维修用的资料,或者无维修手册时依据经验或通用标准编写的指导维修用的资料,为维修工作实施依据文件,具体包括维修方案、排故方案等。

三、维修实施依据文件

1. 厂家发布维修技术文件

维修单位在申请维修许可证时,应当具备对应申请许可维修项目的航空器及其部件制造厂家发布的维修技术文件,并以此作为维修实施依据文件,明确可持续更新的来源。可持续更新的来源包括:

(1)与航空器及其部件制造厂家的协议;

(2)航空器及其部件制造厂家指定技术文件分发商的协议;

(3)与航空器运营人的协议。

航空器及其部件制造厂家发布的维修技术文件包括如下适用文件。

(1)航空器原制造厂家按照 CCAR-21 部要求获得批准或者认可的持续适航文件,具体可参考机型的航空器评审报告(AER)或者型号合格证数据单(TCDS);

(2)航空器设计更改批准持有人按照 CCAR-21 部要求获得批准或者认可的持续适航文件;

(3)发动机、螺旋桨、部件制造厂家按照 CCAR-21 部要求获得批准或者认可的持续适航文件,包括单独申请适航批准及结合航空器适航审定随机批准的情况;

(4)航空器、发动机、螺旋桨、部件制造厂家基于其工程批准编制的服务文件;

(5)航空器原制造厂家非公开发布,但基于协议向授权用户提供的工程或者维修数据。

注:航空器、发动机、螺旋桨、部件制造厂家基于工程批准编制的服务文件一般为服务通告(SB)。除 SB 之外的服务文件(如服务信函或者具体的修理方案等),若明确表明基于工程批准(可参考制造厂家服务文件类别的批准流程),也可作为维修实施依据文件。

对于航空器及其部件制造厂家具有明确的维修技术文件发布渠道,但不向维修单位提供或者持续更新时,可按如下原则处理。

(1)由航空运营人基于航空器及其部件制造厂家的维修技术文件,编制航空运营人的维修技术文件,随同送修航空器或其部件提供给维修单位并作为维修实施依据文件,但仅限于对该航空运营人的航空器或者部件实施维修。此种情况下,维修单位可基于首家航空运营人提供的维修技术文件申请许可维修项目。

需要注意的是,此情况包括但不限于航空运营人根据航空器及其部件制造厂家发布的维修技术文件编制的工程指令(EO)。对于航空运营人非基于航空器及其部件制造厂家发布维修技术文件提出的维修要求,属合同行为,不作为维修单位申请维修许可项目时要求的维修实施依据文件。

(2)由维修单位自行编制维修技术文件,并经民航局适航审定部门按照 CCAR-21 部的规定完成批准或者认可后,作为维修实施依据文件。此种情况下应当在维修前取得航空运营人同意,并获得其书面确认。

注:此情况主要用于上述航空运营人也无法正常获取持续适航文件的情况,包括制造厂家在持续适航文件中以"返回原厂修理"替代本应公布的持续适航文件内容(即造成通常称为超手册修理)。

2. 国家、行业标准或规范

在下述情况下，维修单位还应当具备对应的国家、行业标准或者规范，具体包括如下两类。

(1) 中国民用航空规章或基于规章制定的其他法规文件要求航空器维修工作中必须执行的国家、行业标准或者规范；

(2) 航空器及其部件制造厂家的持续适航文件中引用的行业标准或者规范(图3-1-2)。

中国民用航空局 咨 询 通 告

文　　号：民航规〔2022〕45号
编　　号：AC-121-FS-057 R1
下发日期：2022年9月15日

飞机地面勤务

图 3-1-2　《飞机地面勤务》行业规范(AC-121-FS-057 R1)

对于航空器及其部件制造厂家的持续适航文件中引用的国家、行业标准或者规范，在符合下述条件下，可以采用对应的国家、行业标准或者规范。

(1) 能表明对应的标准或者规范具有一致性的；

(2) 不具有一致性，但能表明对应的标准或者规范严格程度高于航空器及其部件制造厂家持续适航文件中引用的标准或者规范的。

对于不直接指导维修工作但与维修管理相关的国家、行业标准或者规范，如果维修单位涉及开展相关的工作也必须具备并执行。

注：如仅涉及外委上述工作，可在确认外委单位符合相关要求的前提下，无需使维修单位具备相应的国家、行业标准或者规范。

3. 自编维修技术文件

维修单位还可在下述情况或其组合情况下，以航空器及其部件制造厂家发布的维修技术文件为基础，自编维修技术文件作为本单位的维修实施依据文件。

(1) 将航空器及其部件制造厂家发布的维修技术文件转换为本单位维修和放行人员能够正确理解的语言和方便使用的格式；

(2) 因维修工作涉及航空器及其部件制造厂家发布的维修技术文件较多，将分散的技术内容整理为方便维修和放行人员直接使用的文件；

(3) 针对维修过程中发现的具体缺陷或损伤，根据航空器及其部件制造厂家发布的维修技术文件规定可修复范围，并基于通用工艺规范编制的具体修理方案；

(4) 因使用替代的工具设备、工艺、材料或者器材等原因，原航空器及其部件制造厂家发布的维修技术文件无法直接使用而编制的替代文件。

注：使用替代器材包括使用维修单位的自制件和航空器及其部件制造厂家发布的维修技术文件规定之外维修件 PMA 的情况，但各种情况均应当明确告知送修人并获得其同意。

上述自编维修技术文件应当由维修单位的工程技术部门负责，并以不改变或者不低于原航空器及其部件制造厂家发布的维修技术文件的标准为基本原则。

四、维修工作单卡

工作单又称工卡，是航空公司维修和检查工作的指令性文件，用于指导工作完成。完成工作并正确签署的工作单，是维修质量和航空器适航性的证明文件，是飞机历史记录的一部分。

航空维修工作单卡，是维修人员在执行航空器维修工作时的遵循，它的主要目的是明确维修工作步骤并记录所完成的维修工作，需要维修单位根据维修实施依据文件编制。

维修工作单卡是维修单位维修文件的两大部分之一，完成并填写后的维修工作单卡是维修记录的主要组成部分。维修工作单卡又分为例行和非例行两类，分别针对计划维修工作和非计划维修工作（图 3-1-3）。

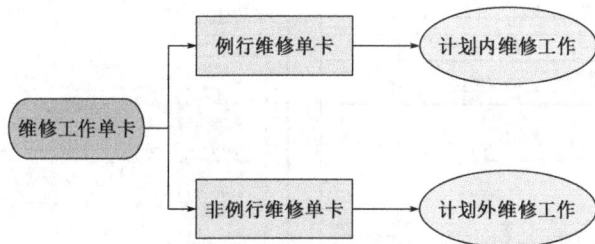

图 3-1-3　维修工卡类型

1. 例行工作单卡

例行工作单卡通常是指定期检修项目，维修间隔通常以日历期、小时数进行划分，对于有些装备，比如绞车、吊挂等，会以循环、提升次数、吊挂次数等进行划分。例行维修工作单卡可以根据所实施维修工作的情况（如专业、任务区域、流程划分等）完整编写一个，或分为几个编号，但每个单卡均应当至少包括以下明确信息。

（1）维修单位名称；
（2）工作单卡编号、编写或者修订日期（或者版本）；
（3）适用机型或者型号、件号；
（4）维修工作标题或者名称；
（5）维修实施依据文件及版次；
（6）所需专用工具设备、器材和计划工时；
（7）机号或者序号记录栏；
（8）具体工作步骤及其任务类型；
（9）数据、信息记录栏（对于涉及计量单位及精度要求的数据，需予明确）；
（10）工作者签名或者盖章栏；
（11）开始及完成日期、实际工时。

对于航线例行维修工作单卡,可包括需要维修人员结合完成的地面勤务工作,但对于非维修人员结合完成的一般地面勤务工作,可单独使用地面勤务工作单记录。另外,对于数据、信息记录栏过多或者需要执行非例行维修工作单卡的情况,也可以在标注明确的情况下采取另附记录页的方式。

对于简单的故障、缺陷或损伤处理,可采取直接参考维修依据文件并结合例行维修工作单卡记录的方式,但对于复杂的故障、缺陷或损伤处理需以制定非例行维修工作单卡的方式。

完整的例行维修工作单卡示意图如图 3-1-4 所示。

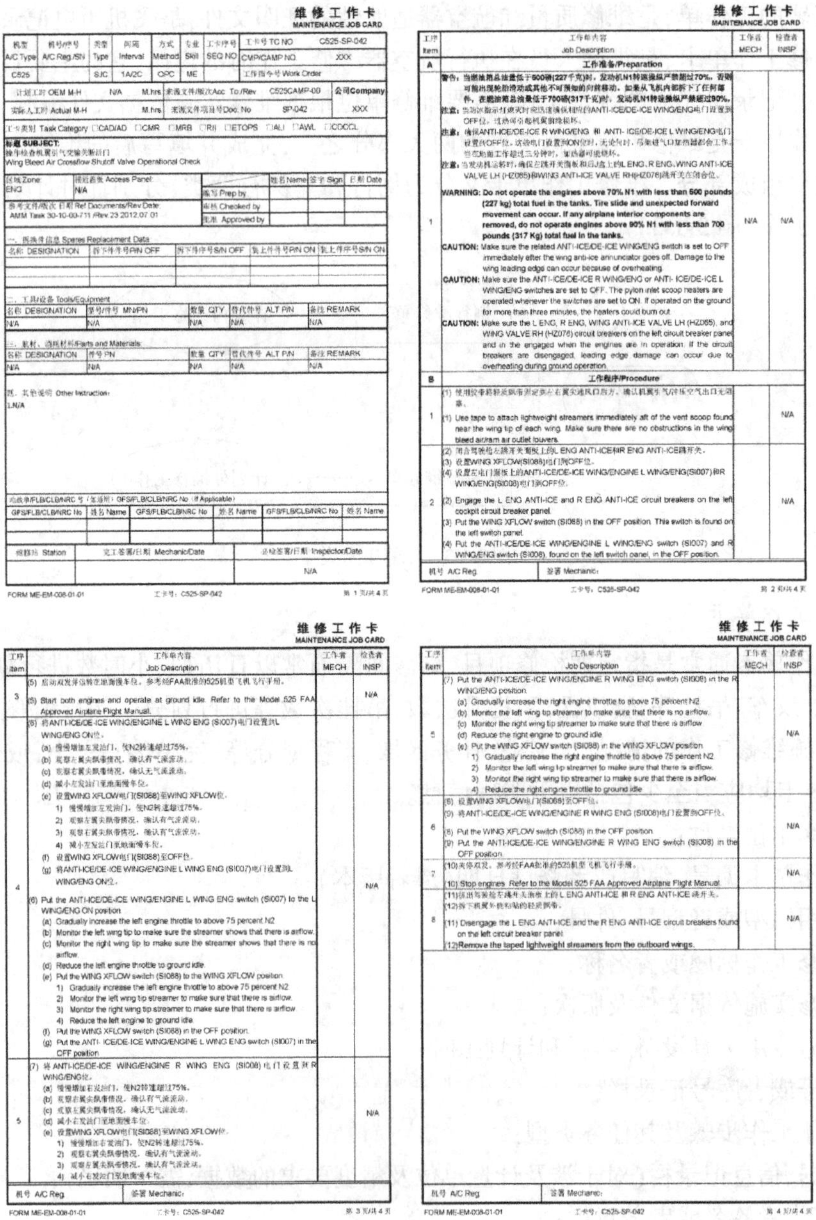

维修工作卡
MAINTENANCE JOB CARD

机型 A/C Type	机号/序号 A/C Reg./SN	类型 Type	间隔 Interval	方式 Method	专业 Skill	工卡序号 SEQ NO	工卡号 TC NO	C525-SP-042
							CMP/CAMP NO	XXX
C525		SJC	1A/2C	OPC	ME		工作指令号 Work Order	

计划工时 OEM M-H	N/A	M.hrs	来源文件/版次Acc. To./Rev	C525CAMP-00	公司Company
实际人工时 Actual M-H		M.hrs	来源文件项目号Doc. No	SP-042	XXX

工卡类别 Task Category □CAD/AD □CMR □MRB □RII □ETOPS □ALI □AWL □CDCCL

标题 SUBJECT:
操作检查机翼引气交输关断活门
Wing Bleed Air Crossflow Shutoff Valve Operational Check

区域Zone	接近盖板 Access Panel:		姓名Name	签字 Sign	日期 Date
ENG	N/A	编写 Prep by			
参考文件/版次 日期 Ref Documents/Rev Date: AMM Task 30-10-00-711 /Rev.23 2012.07.01		审核 Checked by			
		批准 Approved by			

一、拆换件信息 Spares Replacement Data

名称 DESIGNATION	拆下件件号P/N OFF	拆下件序号S/N OFF	装上件件号P/N ON	装上件序号S/N ON

二、工具/设备 Tools/Equipment

名称 DESIGNATION	型号/件号 MN/PN	数量 QTY	替代件号 ALT P/N	备注 REMARK
N/A	N/A	N/A	N/A	N/A

三、航材、消耗材料/Parts and Materials

名称 DESIGNATION	件号 PN	数量 QTY	替代件号 ALT P/N	备注 REMARK
N/A	N/A	N/A	N/A	N/A

四、其他说明 Other Instruction:
1.N/A

故障单/FLB/CLB/NRC 号(如适用) GFS/FLB/CLB/NRC No (If Applicable)

GFS/FLB/CLB/NRC No	姓名 Name	GFS/FLB/CLB/NRC No	姓名 Name	GFS/FLB/CLB/NRC No	姓名 Name

维修站 Station	完工签署/日期 Mechanic/Date	必检签署/日期 Inspector/Date
		N/A

FORM ME-EM-008-01-01　工卡号:C525-SP-042　第 1 页/共 4 页

维修工作卡
MAINTENANCE JOB CARD

工序 Item	工作单内容 Job Description	工作者 MECH	检查者 INSP
A	工作准备/Preparation		
1	**警告:当燃油箱总油量低于500磅(227千克)时,发动机N1转速操纵严禁超过70%,否则可能出现轮胎滑动或其他不可预知的向前移动。如果从飞机内部拆下了任何部件,在燃油箱总油量低于700磅(317千克)时,发动机N1转速操纵严禁超过90%。** 注意:当防冰指示灯熄灭时应迅速确保相应的ANTI-ICE/DE-ICE WING/ENG电门设置到OFF位,过热可引起机翼前缘损坏。 注意:确保ANTI-ICE/DE-ICE R WING/ENG 和 ANTI-ICE/DE-ICE L WING/ENG电门设置到OFF位,该些电门设置到ON位时,无论何时,吊舱进气口加热器都会工作,当在地面工作超过三分钟时,加热器可能烧坏。 注意:当发动机运转时,确保左跳开关面板和后J盒上的L ENG、R ENG、WING ANTI-ICE VALVE LH (HZ085)和WING ANTI-ICE VALVE RH(HZ076)跳开关在闭合位。 **WARNING: Do not operate the engines above 70% N1 with less than 500 pounds (227 kg) total fuel in the tanks. Tire slide and unexpected forward movement can occur. If any airplane interior components are removed, do not operate engines above 90% N1 with less than 700 pounds (317 Kg) total fuel in the tanks.** **CAUTION:** Make sure the related ANTI-ICE/DE-ICE WING/ENG switch is set to OFF immediately after the wing anti-ice annunciator goes off. Damage to the wing leading edge can occur because of overheating. **CAUTION:** Make sure the ANTI-ICE/DE-ICE R WING/ENG or ANTI-ICE/DE-ICE L WING/ENG switches are set to OFF. The pylon inlet scoop heaters are operated whenever the switches are set to ON. If operated on the ground for more than three minutes, the heaters could burn out. **CAUTION:** Make sure the L ENG, R ENG, WING ANTI-ICE VALVE LH (HZ085), and WING VALVE RH (HZ076) circuit breakers on the left circuit breaker panel and in the engaged when the engines are in operation. If the circuit breakers are disengaged, leading edge damage can occur due to overheating during ground operation.	N/A	N/A
B	工作程序/Procedure		
1	(1) 使用胶带将轻质飘带固定在左右翼尖通风口后方。确认机翼引气/冲压空气出口无阻塞。 (1) Use tape to attach lightweight streamers immediately aft of the vent scoop found near the wing tip of each wing. Make sure there are no obstructions in the wing bleed air/ram air outlet louvers.		N/A
2	(2) 闭合驾驶舱左跳开关面板上的L ENG ANTI-ICE和R ENG ANTI-ICE跳开关。 (3) 设置WING XFLOW(SI088)电门到OFF位。 (4) 设置左电门面板上的ANTI-ICE/DE-ICE WING/ENGINE L WING/ENG(SI007)和R WING/ENG(SI008)电门到OFF位。 (2) Engage the L ENG ANTI-ICE and R ENG ANTI-ICE circuit breakers on the left cockpit circuit breaker panel. (3) Put the WING XFLOW switch (SI088) in the OFF position. This switch is found on the left switch panel. (4) Put the ANTI-ICE/DE-ICE WING/ENGINE L WING/ENG switch (SI007) and R WING/ENG switch (SI008), found on the left switch panel, in the OFF position.		N/A

机号 A/C Reg	签署 Mechanic:

FORM ME-EM-008-01-01　工卡号:C525-SP-042　第 2 页/共 4 页

维修工作卡
MAINTENANCE JOB CARD

工序 Item	工作单内容 Job Description	工作者 MECH	检查者 INSP
3	(5) 启动双发并运转在地面慢车位。参考经FAA批准的525机型飞机飞行手册。 (5) Start both engines and operate at ground idle. Refer to the Model 525 FAA Approved Airplane Flight Manual.		N/A
4	(6) 将ANTI-ICE/DE-ICE WING/ENGINE L WING ENG (SI007)电门设置到L WING/ENG ON位。 (a) 慢慢增加左发油门,使N2转速超过75%。 (b) 观察左翼尖飘带情况,确认有气流流动。 (c) 观察右翼尖飘带情况,确认无气流流动。 (d) 减小左发油门至地面慢车位。 (e) 设置WING XFLOW电门(SI088)至WING XFLOW位。 1) 慢慢增加左发油门,使N2转速超过75%。 2) 观察左翼尖飘带情况,确认有气流流动。 3) 观察右翼尖飘带情况,确认有气流流动。 4) 减小左发油门至地面慢车位。 (f) 设置WING XFLOW电门(SI088)至OFF位。 (g) 将ANTI-ICE/DE-ICE WING/ENGINE L WING ENG (SI007)电门设置到L WING/ENG ON位。 (6) Put the ANTI-ICE/DE-ICE WING/ENGINE L WING ENG switch (SI007) to the L WING/ENG ON position. (a) Gradually increase the left engine throttle to above 75 percent N2. (b) Monitor the left wing tip to make sure the streamer shows that there is airflow. (c) Monitor the right wing tip to make sure the streamer shows that there is no airflow. (d) Reduce the left engine throttle to ground idle. (e) Put the WING XFLOW switch (SI088) to the WING XFLOW position. 1) Gradually increase the left engine throttle to above 75 percent N2. 2) Monitor the left wing tip streamer to make sure that there is airflow. 3) Monitor the right wing tip streamer to make sure that there is airflow. 4) Reduce the left engine to ground idle. (f) Put the WING XFLOW switch (SI088) in the OFF position. (g) Put the ANTI-ICE/DE-ICE WING/ENGINE L WING ENG switch (SI007) in the OFF position.		N/A
5	(7) 将ANTI-ICE/DE-ICE WING/ENGINE R WING ENG (SI008)电门设置到R WING/ENG位。 (a) 慢慢增加右发油门,使N2转速超过75%。 (b) 观察右翼尖飘带情况,确认有气流流动。 (c) 观察左翼尖飘带情况,确认无气流流动。 (d) 减小右发油门至地面慢车位。 (e) 设置WING XFLOW电门(SI088)至WING XFLOW位。 1) 慢慢增加右发油门,使N2转速超过75%。 2) 观察右翼尖飘带情况,确认有气流流动。 3) 观察左翼尖飘带情况,确认有气流流动。 4) 减小右发油门至地面慢车位。		N/A

机号 A/C Reg	签署 Mechanic:

FORM ME-EM-008-01-01　工卡号:C525-SP-042　第 3 页/共 4 页

维修工作卡
MAINTENANCE JOB CARD

工序 Item	工作单内容 Job Description	工作者 MECH	检查者 INSP
5	(7) Put the ANTI-ICE/DE-ICE WING/ENGINE R WING ENG switch (SI008) in the R WING/ENG position. (a) Gradually increase the right engine throttle to above 75 percent N2. (b) Monitor the left wing tip streamer to make sure that there is no airflow. (c) Monitor the right wing tip streamer to make sure that there is airflow. (d) Reduce the right engine to ground idle. (e) Put the WING XFLOW switch (SI088) in the WING XFLOW position. 1) Gradually increase the right engine throttle to above 75 percent N2. 2) Monitor the left wing tip streamer to make sure that there is airflow. 3) Monitor the right wing tip streamer to make sure that there is airflow. 4) Reduce the right engine throttle to ground idle.		N/A
6	(8) 设置WING XFLOW电门(SI088)至OFF位。 (9) 将ANTI-ICE/DE-ICE WING/ENGINE R WING ENG (SI008)电门设置到OFF位。 (8) Put the WING XFLOW switch (SI088) in the OFF position. (9) Put the ANTI-ICE/DE-ICE WING/ENGINE R WING ENG switch (SI008) in the OFF position.		N/A
7	(10)关停双发。参考经FAA批准的525机型飞机飞行手册。 (10) Stop engines. Refer to the Model 525 FAA Approved Airplane Flight Manual.		N/A
8	(11)断开驾驶舱左跳开关面板上的L ENG ANTI-ICE 和R ENG ANTI-ICE 跳开关。 (12)拆下机翼外侧粘贴的轻质飘带。 (11) Disengage the L ENG ANTI-ICE and the R ENG ANTI-ICE circuit breakers found on the left circuit breaker panel. (12)**Remove the taped lightweight streamers from the outboard wings.**		N/A

机号 A/C Reg	签署 Mechanic:

FORM ME-EM-008-01-01　工卡号:C525-SP-042　第 4 页/共 4 页

图 3-1-4　例行维修工作单卡

2. 非例行维修工作单卡

非例行维修工作单卡编制范围包括故障、缺陷或损伤处理情况，以及结合计划维修完成的指令性维修工作文件（如工程指令）。非例行维修工作单卡要求的信息与例行维修工作单卡相同，但每个非例行维修工作均应当对应一个完整的工作单卡。

对于简单的故障、缺陷或损伤处理，可采取直接参考维修依据文件并结合例行维修工作单卡记录的方式，但对于复杂的故障、缺陷或损伤处理需制定非例行维修工作单卡。

对于航线例行维修工作单卡，可包括需要维修人员结合完成的地面勤务工作，但对于非维修人员结合完成的一般地面勤务工作，可单独使用地面勤务工作单记录。另外，对于数据、信息记录栏过多或者需要执行非例行维修工作单卡的情况，也可以在标注明确的情况下采取另附记录页的方式。

非例行维修工作单卡示例如图 3-1-5 所示。

维修工作卡
MAINTENANCE JOB CARD

机型 A/C Type	机号/序号 A/C Reg./SN	类型 Type	间隔 Interval	方式 Method	专业 Skill	工卡序号 SEQ NO	工卡号 TC NO. F7XNRC-191203-01 CMP/CAMP NO. N/A
F7X	B-XXXX	NRC	N/A	RST	ME		工作指令号 Work Order

厂家计划工时 OEM M-H　　M hrs	来源文件/版次Acc. To /Rev	公司Company
实际人工时 Actual M-H　　M hrs	来源文件项目号Doc. No　　AMM 30-12-09	

工卡类别 Task Category □CAD/AD □CMR □MRB □RII □ETOPS □ALI □AWL □CDCCL

标题 SUBJECT:
排故-维护信息：LH WING ANT-ICE TEMP SENSOR FAIL
TS: MSG-LH WING ANT-ICE TEMP SENSOR FAIL

区域 Zone: N/A	接近盖板 Access Panel: N/A		姓名 Name	签字 Sign	日期 Date
		编写 Prep by	张韵彬		2019.12.03
参考文件/版次 Ref Documents/Rev Date: AMM 30-12-09/Rev.22		审核 Checked by	N/A	N/A	N/A
		批准 Approved by	N/A	N/A	N/A

一、拆换件信息 Spares Replacement Data

名称 DESIGNATION	拆下件件号P/N OFF	拆下件序号S/N OFF	装上件件号P/N ON	装上件序号S/N ON
温度传感器 Temperature Sensor	1153068-3	1153068-01819	1153068-3	1153068-01547

二、工具/设备 Tools/Equipment

名称 DESIGNATION	型号/件号 MN/PN	数量 QTY	替代件号 ALT P/N	备注 REMARK

三、航材、消耗材料/Parts and Materials

名称 DESIGNATION	件号 PN	数量 QTY	替代件号 ALT P/N	备注 REMARK

四、其他说明 Other Instruction:
1.

地面单/FLB/CLB/NRC 号（如适用）GFS/FLB/CLB/NRC No（If Applicable）

GFS/FLB/CLB/NRC No	姓名 Name	GFS/FLB/CLB/NRC No	姓名 Name	GFS/FLB/CLB/NRC No	姓名 Name

维修站 Station	完工签署/日期 Mechanic/Date	必检签署/日期 Inspector/Date
		N/A

FORM ME-EM-008-01-00　　工卡号：F7XNRC-191203-01　　第 1 页/共 2 页

维修工作卡
MAINTENANCE JOB CARD

工序 Item	工作单内容 Job Description	工作者 MECH	检查者 INSP
1	CMC 维护信息：LH WING ANT-ICE TEMP SENSOR FAIL。故障代码3010AMM1017。参考AMM task 30-12-09-900-801，更换左机翼防冰温度传感器。CMC中检查正常。 CMC Maintenance MSG: LH WING ANT-ICE TEMP SENSOR FAIL.", Fault code:3010AMM1017. Replaced LH wing anti-ice temperature sensor IAW AMM task 30-12-09-900-801. Checked satisfied in CMC.		N/A

机号 A/C Reg	完工签署/日期 Mechanic/Date:

FORM ME-EM-008-01-00　　工卡号：C525NRC-130703-01　　第 2 页/共 2 页

图 3-1-5　非例行维修工作单卡

维修单位在申请维修许可证时，应当完成对应申请维修项目的计划维修工作例行维修工作单卡的编制，并明确非例行维修工作单卡的编制规范。例行维修工作单卡应当明确所维修航空产品从接收直至最终放行的工作步骤，包括必要的数据或者信息记录（包括工时）要求；非例行维修工作单卡应包括故障、缺陷或损伤的处理，以及结合计划维修完成的指令性维修工作。

维修工作单卡应当由维修单位工程技术部门授权的工程技术人员依据本单位的维修实施依据文件编制，并明确审核、批准流程。维修单位的生产部门应当严格按照维修工程技术部门制定的适用维修工作单卡计划实施维修工作,并将实施过程中遇到的问题及时反馈至工程技术部门。这是一个闭环工作流程(图3-1-6)。

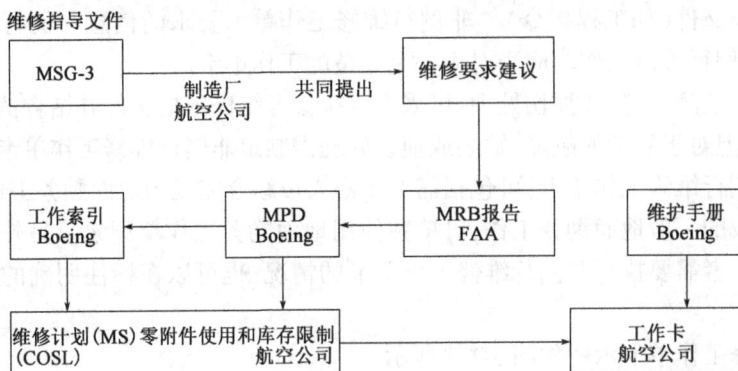

图 3-1-6 工卡编制流程图

维修单位的工程技术部门应当根据维修实施依据文件的修订及生产部门实施过程中的问题反馈,持续跟踪和评估并及时修订完善维修工作单卡,保存清晰的版本记录,包括对应的管控流程记录。

下面以某航空公司的维修工卡为示例(图3-1-7),讲解其编制的流程及注意事项。

图 3-1-7 空白工卡案例

各空格中应该填写的内容如下。

(1)机型：如 A318，A319，CL605，CL850，F900，F7X，G200，G450，G550，GLOBAL6000，LR60，C525 等。由工卡编写者填写。

(2)机号/序号：使用该工卡进行维护的飞机的注册号和序号。由工卡打印部门在打印工卡时输入。

(3)类型：是指例行工卡(Scheduled Job Card，SJC)；

标准非例行工卡(Optional Job Card For Non-Routine，NRO)；

非例行工卡(Additional Job Card For Non-Routine，NRC)；

由工卡编写者直接填写英文缩写。

(4)间隔：维修方案中规定的该条目的检查周期。对于没有间隔的工卡(如自编工卡、非例行工卡等)，填写"N/A"。由工卡编写者填写。

(5)方式：该工卡所属的主要工作类别，表明该工卡是否为目视检查(VCK)、一般目视检查(GVI)、详细目视检查(DET)、检查(CHK)、特别详细检查(SDI)、润滑(LUB)、勤务(SVC)、操作检查(OPC)、功能检查(FNC)、恢复(RST)、报废(DIS)、孔探(BSI)、无损探伤(NDT)等工作。具体定义参见相关维修方案。由工卡编写者填写缩写。

(6)专业：该项工作的主要专业，由工卡编写者填写 ME 或 AV。

ME：机电。包括 ATA 21，24，25，26，27，28(不包括指示系统)，29，30，32，35，36，38，49，51-57，71-80 章的相关工作。第 24 章和 26 章阐述了 ME 专业的职责，他们的任务是完成并签署例行检查、排故任务和部件更换任务，包括各项功能检查。

AV：电子。包括 ATA 22，23，24，26，28(指示)，31，33，34，45 章的相关工作。AV 主要负责ATA 章中所有有关电器部件方面的内容。

(7)工卡序号：该工卡在本次定检工作包中的流水编号，目的是便于管理。由工卡打印部门在打印工卡时填写。

(8)工卡号：例行工卡编号原则为，机型 + 维修方案项目号 – 流水号(按需，如果一个维修方案项目号有多于一份工卡则需要加上流水号)，如 CL850SP001-01。

标准非例行工卡编号原则为，机型 + NRO-手册章节号-字母(按需，如果一个章节有多于一份工卡则需要加上一个字母 A、B、C 等)，如 CL850NRO-26-11-01-A。

非例行工卡编号原则为机型 + NRC-6 位数的日期(YY MM DD)-流水号(如果同一天有多于一份的 NRC 工卡，则需要加上流水号)。

(9)CMP(维修方案)/CAMP(持续适航方案)号：如果有，填写对应的 CMP/CAMP 网站上的工卡编号，如果对应多个 CMP/CAMP 工卡号，可填写"见四.其他说明"，然后在"其他说明"里写明。没有则填"N/A"。由工卡编写者填写。

(10)工作指令号：生产控制部门下发执行该工卡的工作指令号。由工卡打印部门在打印工卡时填写。

(11)厂家计划工时：手册中给出的工时。填写方式为，人数×每人工时，单位为小时。由工卡编写者填写，如："2×3"。没有则填"N/A"。

(12)实际工时：做该项工作实际需要的工作时间，填写方式：人数×每人工时。由工作者填写，单位为小时，如："2×3"。

(13)来源文件/版次:由什么文件而导致的需要编写该工卡。由工卡编写者填写。

例行工卡为,机型 + CAMP-版次,如 CL850CAMP-01。

非例行工卡为,机型 + GFS/FLB/CLB 号-版次,如 CL850FLB-5。

标准非例行工卡填写方式为,手册名称-版次,如 AMM-43。

(14)来源文件项目号:依据文件的具体项目/章节编号。由工卡编写者填写。

(15)公司:使用该工卡进行维护的飞机所属公司的名称,由工卡打印部门在打印工卡时输入。

(16)工卡类别:如 CAD/AD、CMR、MRB、ETOPS、ALI、RII、AWL、CDCCL 等项目,选中相应的项目即可。由工卡编写者填写。

(17)标题:提示该工卡的主要内容。由工卡编写者填写。

(18)区域:完成该项工作所涉及的飞机区域,由工卡编写者填写。

(19)接近盖板:完成该项工作所需打开的飞机盖板,由工卡编写者填写。

(20)参考文件/版次:编写该工作具体内容的依据文件及其有效版次,由工卡编写者填写。

(21)(24)(27)打印的姓名。

(22)(25)(28)签字。

(23)(26)(29)8 位数的日期,填写方式为 YYYY. MM. DD。

(30)拆换件信息:该工卡涉及的拆换件信息,不包括消耗件。如果是时寿到期更换项目的工卡,则名称、拆下件件号、拆下件序号由工卡编写者填写;装上件件号、装上件序号由工作者填写。如果是排故涉及拆换件,则拆换件信息由工作者填写;如没有更换,则填"N/A"。

(31)工具/设备:完成该工作手册中要求的工具/设备,由编写者填写。

(32)航材、消耗材料:完成该工作手册中要求消耗材料或航材,由工卡编写者填写。

(33)地故单/FLB/CLB/NRC 号:此工卡如果是例行工卡,则记录由此例行工卡产生的非例行工卡(NRC)号,姓名栏填写工作者的姓名,由工作者填写。此工卡如果是非例行工卡,则记录此非例行工卡的来源—地故单/FLB/CLB 号,姓名栏填写故障报告者的姓名,由工卡编写者填写。

(34)维修站:完成该工作的维修地点,由工卡打印部门在打印工卡时输入。

(35)完工签署:该工卡的所有工作完成后由具相应机型执照及以上人员签署。

(36)必检签署:如果该工卡为必检工卡,所有工作完成后由具相应机型的检验人员签署。如果不是必检工卡,由工卡编写者填写"N/A"。

(37)工序:表明某一项工作内容在该工卡中的编排顺序号(工序号),由工卡编写部门编写。原则上按照工卡或 AMM 的步骤划分,但是考虑到工作的连续性和维修人员签字的方便,可以将原文工卡的一道工序分为几道,以避免工作条目过长,最好将一道工序的内容控制在一页之内。

(38)工作单内容:按工作顺序或者步骤编写的中英文具体工作内容及工作记录,中英文对照,具体内容填写参见维护手册、原文工卡或该工卡参考的文件。由工卡编写者填写。相关注意事项如下。

①如果工作涉及左右部分,需要分为两份工卡,以便于工作者签署。

②要注意将手册中的警告、注意和提示内容完全加入工卡中。

③当要求记录数据时,应该给出记录用的表格或横线。涉及参考数据、标准和内容时,应给出数据范围、标准。

④在工卡内容中要考虑到下列人为因素方面的要求,人员资格、工具设备的使用及替代、制定合理的工时以及环境对工作人员的影响。

(39)工作者:符合该项工作的人员资格和专业要求的工作者完成该项工作后,在工卡内容右侧的该栏中签名或盖章。

(40)检查者:如果该项工作为必检条目,则由工卡编写人员在签名栏内标识 RII,由检验人员签署;如果不是必检项目,则由工卡编写人员填写"N/A",检验人员不必签署。

(41)机号:使用该工卡进行维护的飞机的注册号。由工卡打印部门在打印工卡时输入。

(42)完工签署:该工卡的所有工作完成后由具相应机型执照及以上人员在每页签署。

(43)附图:此份工卡所涉及的图纸。由工卡编写人员附上所需图纸,如没有图纸,则删除此页。

五、共用维修技术文件

在符合下述全部条件时,维修单位可共用其他维修单位的维修实施依据文件(维修工作单卡不可共用)。

(1)与共用维修单位具有相同法人,或是由该法人控投的不同单位;

(2)共用维修单位是根据 CCAR-145 部批准的单位;

(3)经双方工程技术部门确认,维修实施依据文件对双方具有一致的适用性;

(4)与共用维修单位签署了相关技术协议,并建立了确保能够及时获得共用维修技术文件的流程或者系统;

(5)如共用自编维修技术文件,应纳入共用维修单位使用问题反馈及处理流程。

维修单位共用其他维修单位的维修技术文件时,其所承担的法律责任不变,并且其相关维修许可的批准将受共用维修单位维修许可证有效性的影响。

维修单位共用其他维修单位的维修技术文件的情况及管控流程应当通过维修单位手册予以明确,并随同维修单位手册一同获得批准或者认可。

六、注意事项

维修工作单卡的主要目的是提示维修工作步骤和记录,不可以过度繁琐;维修工作单卡需要简洁明了,最大限度涵盖持续适航文件(ICA)中的内容要求;维修工作单卡需要定期检查更新,确保有效性。

工作单包括完成维修工作的技术指令、施工标准和注意事项,还应包括维修、修理和改装工作所需的工序以及检验要求。它是技术、质量和生产要求的综合,是管理和施工的枢纽。工作单应该正确、完整,并具有可操作性。

工作单的开始部分主要记录"做什么"和"什么时候做",来自维修方案第一部分;工作单后面所列的维修工作是"怎么做",来自机型的技术文件和手册。在飞机实施计划维修工作中,使用例行工作单来说明维修和检查方法,记录完成情况。

航空公司工作单应在重要工序或总要求上标注检验要求(是否为 RII),并在这些工作步骤旁留有工作者签字栏,还应为检验员留有签字栏。在有些承运人的工作单中,标注了所需的工人等级或资格,对保证维修质量发挥了重要作用。

在计划维修工作中所发现的问题,由检验员填写在非例行项目表上;而在航线维修中发现的问题,则由工作者填写在飞机维修记录本上,再由有关人员按规定完成所要求的工作并做记录。

航空公司的工程指令,可以用来说明如何完成重要修理和改装。有的工程指令比较复杂,要求进行渐进的工序检查,因此,要在工作的不同阶段进行检查。如果工程指令给出的是周期性的检查工作,可以将其补充修改到维修方案中。

有些工作单只有维修工作要求,具体施工或检查工作要求按照维修手册或工艺卡进行。对这些工作单,要认真研究、评审,保证维修和检查要求正确、全面,并对工作情况有正确的记载。大量研究表明,维修质量和人为差错,大都和工作单编制水平有关。正确、完善和可行的工作单,在减少维修人为差错中能够发挥重要作用。

任务评估

(一)维修文件基础理论学习与调研

任务评价表

评价表编号:

姓名			学号			
班级			完成时间			
序号	评价项目	评分标准			得分	得分说明
1	资料查阅全面性 (20分)	广泛查阅多种类型资料,涵盖国内外相关研究成果、法规标准和行业实践				
		查阅资料类型较单一,但能基本满足需求				
		查阅资料严重不足				
2	理论理解准确性 (30分)	对航空维修文件的基础理论知识理解准确无误,符合行业规范和学术要求				
		存在部分不准确表述				
		理论理解错误较多				
3	调研分析深度 (30分)	对特定维修文件的调研深入,能准确分析其编制特点、差异和发展趋势,提出有价值的改进建议				
		调研分析有一定深度,但存在部分不准确分析或建议缺乏针对性				
		调研分析浅薄				

序号	评价项目	评分标准	得分	得分说明
4	报告撰写质量（20分）	报告结构合理、条理清晰、语言通顺,引用文献规范,字数符合要求		
		报告存在部分语法或格式问题,引用文献不规范或字数不足		
		报告撰写质量差		

（二）维修文件编制实践

任务评价表

评价表编号:

姓名		学号	
班级		完成时间	

序号	评价项目	评分标准	得分	得分说明
1	文件编制准确性（30分）	维修文件内容准确无误,符合维修任务要求和法规标准,能有效指导维修工作		
		存在部分错误或不准确信息		
		文件编制错误较多		
2	文件完整性（20分）	编制的维修文件完整,涵盖工作指令、维修记录表格、故障报告模板等必要文件,且各文件内容完整		
		存在文件缺失或内容不完整情况		
		文件完整性差		
3	团队协作（20分）	小组分工明确,成员协作良好,记录详细,能有效解决编制过程中遇到的问题		
		团队协作存在部分问题,如分工不合理、沟通不畅等		
		团队协作差		
4	报告质量（30分）	实践报告详细描述维修任务和文件编制过程,分析审核修订情况是否深入,附件完整		
		报告存在部分描述不清、分析不深入或附件缺失		
		报告质量差		

(三) 维修文件管理系统设计与模拟

任务评价表

评价表编号：

姓名				学号		
班级				完成时间		
序号	评价项目		评分标准		得分	得分说明
1	系统设计合理性 (30分)		系统功能模块设计合理,满足维修文件管理的基本需求,数据结构设计科学,操作流程简便,安全性和可靠性考虑周全			
			系统设计存在部分不合理之处,如功能缺失、流程繁琐等			
			系统设计不合理			
2	模拟实现有效性 (30分)		利用软件工具成功模拟实现系统的主要功能,界面友好,测试结果表明系统可行有效			
			模拟实现存在部分功能问题或测试未通过情况			
			模拟实现失败			
3	团队协作 (20分)		小组在系统设计和模拟实现过程中分工协作良好,遇到问题能共同解决			
			团队协作存在一定问题			
			团队协作差			
4	报告质量 (20分)		报告详细阐述系统设计与模拟过程,图表清晰,附件完整			
			报告存在部分描述不清、图表错误或附件缺失问题			
			报告质量差			

(四) 维修文件案例分析与交流

任务评价表

评价表编号：

姓名				学号		
班级				完成时间		
序号	评价项目		评分标准		得分	得分说明
1	案例分析深度 (40分)		对维修文件案例分析深入,能准确评估其编制特点、优缺点,从多个角度进行分析,提出的改进措施合理可行			
			分析有一定深度,但存在部分不准确分析或改进措施缺乏针对性			
			案例分析浅薄			

续上表

序号	评价项目	评分标准	得分	得分说明
2	理论运用 （30分）	在分析过程中能熟练运用相关法规标准和维修文件编制与管理理论知识		
		理论运用不够熟练,存在部分错误或不恰当运用情况		
		理论运用差		
3	报告撰写质量 （30分）	报告结构合理、条理清晰、语言通顺,引用文献规范,字数符合要求		
		报告存在部分语法或格式问题,引用文献不规范或字数不足		
		报告撰写质量差		

任务二　航空维修文件管理规范

学习任务

一、任务背景

在航空维修领域,文件管理是保障飞行安全与维修合规性的核心环节。维修文件(如工卡、技术手册、适航指令、维修记录等)不仅是维修作业的指导依据,更是适航法规(如 CCAR-145 部、FAA/EASA 标准)的强制性要求。然而,实际工作中,因文件版本混乱、记录缺失或执行偏差导致的维修差错屡见不鲜。近年来,对多起航空事故调查表明,文件管理漏洞与人为操作失误的叠加效应是事故诱因之一。为此,国际民航组织(ICAO)及中国民用航空局均持续强化对维修文件全生命周期(编制、审批、分发、执行、归档)的监管要求。本学习任务聚焦飞机维修文件管理规范,旨在系统介绍文件分类、版本控制、流程衔接及合规性核查等核心技能,通过案例分析、流程模拟等实践,强化对文件管理重要性的认知,提升规范操作意识与风险防控能力,为保障维修质量、规避法律风险奠定坚实基础。

二、学习目标

知识目标

(1)掌握 AMM、FIM、IPC 等手册类型及用途。
(2)熟悉维修记录文件的格式与法律效力。

📖 **能力目标**

(1)熟练操作文件管理系统进行检索与应用(如定位手册、执行 AMM 步骤完成维修任务)。
(2)能够完成文件更新、版本验证及记录归档(如工作单填写与存储)。
(3)能够发现文件质量问题(模糊步骤、技术数据错误)并提出改进建议。

📖 **素质目标**

(1)严守文件规定,杜绝操作疏漏导致安全隐患;确保文件管理全程合规。
(2)具备与团队共享经验、解决分歧,协同保障文件准确性的能力。

三、任务安排

维修文件编制实践

内容	具体要求
任务要求	以小组为单位,每组 4-5 人,根据教师给定的航空器维修任务场景(B737 飞机起落架的定期维护),按照实际维修工作要求和规范,编制一套完整的维修文件,包括维修工作指令(工卡)、所需的维修记录表格以及可能涉及的故障报告模板等
	在编制过程中,严格遵循维修文件编制的基本原则和相关法规标准,确保文件内容的准确性、完整性和可操作性。文件应采用合适的格式和排版,语言表达清晰、简洁、易懂,能够准确指导维修人员完成相应的维修工作
	对编制完成的维修文件进行内部审核和修订,小组成员相互检查,查找可能存在的问题和不足之处,并进行修改完善。同时,记录编制过程中遇到的问题、解决方法以及团队成员的分工与协作情况
	制作一份维修文件编制实践报告,详细描述维修任务场景、文件编制的过程和依据、审核修订情况以及团队协作经验总结等内容。报告字数不少于 2000 字,并附上编制完成的全套维修文件作为附件
时间安排	第 1-2 天:小组领取维修任务场景,进行资料收集和分析,确定维修文件编制的总体框架和思路
	第 3-4 天:分工编制维修工作指令、维修记录表格和故障报告模板等文件
	第 5 天:进行内部审核和修订,撰写维修文件编制实践报告初稿
	第 6 天:对报告初稿进行修改完善,提交最终版报告及维修文件

✏️ **知识链接**

一、维修工程管理手册的编写要求

航空运营人的维修工程管理手册是指导航空运营人如何承担航空器的适航性责任和实施维修管理的基本文件,是航空运营人维修管理文件的总纲和编写依据。维修工程管理手册的编写质量不但对保证航空器的持续适航和飞行安全至关重要,也直接影响到航空运营人是否能获得 CCAR-121 部的运行批准,另外,按照高质量的维修工程管理手册实施管理还能在保证航空器的正常运行和减少维修差错方面发挥重要作用,从而降低航空运营人的运行成本。

由于我国的航空运营人大多建立了运营人维修单位,多年以来,航空运营人在如何编写维修工程管理手册,尤其是与 CCAR-145 部要求的维修单位手册间的界定上,存在较多疑问;民航体制改革后的航空运营人的集团重组后,各航空运营人都积极向实施统一的维修工程管理过渡,这又带来了如何编写多运行基地的维修工程管理手册的问题。《维修工程管理手册编写指南》(AC-121-51)通过原则的编写结构要求和具体内容提示,对航空运营人如何编制符合 CCAR-121 部要求的维修工程管理手册,并且解决上述的历史和发展中遇到的问题提供指导。

维修工程管理手册在广义上包括工作程序。仅有维修工程管理手册的主体内容需要得到民航总局的批准(即通常所述的维修工程管理手册),工作程序可以由航空运营人自己批准并获得局方的认可(即通常所述的工作程序手册),但民航总局可以根据法规的要求提出工作程序的任何缺陷和问题并要求改正,否则将会影响到维修工程管理手册主体内容的批准。

维修工程管理手册的具体编制要求如下。

(1)维修工程管理手册的编写语言必须包括简体中文,当因版面限制,需要使用其他语言种类或其缩写时应当有相应的标注或解释。

(2)维修工程管理手册应当使用尺寸为 A4 的坚固纸张,其正文的每页应当标明页码、章节号和公司标记。

(3)维修工程管理手册应当具有目录、有效页清单和修订记录,以便于查阅、控制和了解其修订历史。

(4)维修工程管理手册的主体结构应当按照《维修工程管理手册编写指南》(AC-121-51)第 6 段中用下划线标注的主要内容结构编排次序,主要内容结构下的内容编排次序可以按航空运营人的方便调整。(主要结构的编排次序并不是为航空运营人的各部门划定职责,如工程技术管理的内容不是只针对工程技术部门。)

(5)维修工程管理手册中引用的参考文件应当标明文件号和文件标题或名称,涉及有具体工作程序的要标明工作程序的编号。

(6)维修工程管理手册中的要求性内容应当明确、清晰,存在选择执行可能的要设定好选择条件。

(7)当维修工程管理手册中的要求性内容涉及经常性变动的信息或者管理人员不便于公开的个人信息时,可将该信息作为单独附件并在维修工程管理手册中提供相应说明。

(8)航空运营人单独申请运行合格证的分子公司可单独编写维修工程管理手册。

二、维修方案制定和实施的基本原则

民用航空器维修方案是民用航空器维修活动的依据和标准,因此编制民用航空器维修方案是航空运营人维修工程管理的重要内容。随着航空器设计的改进和维修经验的积累,航空运营人在编制维修方案时越来越多地具有自身特色,而且在保证航空器运行的安全性和可靠性的同时,也越来越多地关注运营成本的控制。另外,航空运营人普遍采用租赁航空器和引进使用过的航空器运行,故维修方案之间的互相转换也越来越普遍。但不论如何,编制和控制维修方案的基本要求是能保证航空器运行的安全性和可靠性。

1. 航空器维修方案的制定要求

（1）新运营人引进新航空器时，应当根据该机型现行有效航空器计划维修要求（SMR）、制造厂家提供的有关持续适航文件（如：维修计划文件 MPD、审定维修要求 CMR）和中国民用航空局的有关要求制定初始维修方案。

（2）新运营人引进使用过的航空器时，应当根据该机型现行有效的航空器计划维修要求（SMR）、制造厂家提供的有关持续适航文件，并结合中国民用航空局的有关要求制定初始维修方案。如运营人的初始维修方案与航空器原维修方案有差别时，还应当按照时间转换方案或者补做相应的检查工作后直接加入运营人的初始维修方案。

（3）运营人引进已有型号的新航空器时，可选择直接加入已有的维修方案或按照（1）的要求制定航空器的初始维修方案。

（4）运营人引进已有同样型号的使用过的航空器时，可选择按照《维修工程管理手册编写指南》（AC-121-51）6.5 段的原则制定时间转换方案，加入已有的维修方案，或者补做相应的转换检查工作后直接加入已有的维修方案。

2. 航空器维修方案制定的考虑因素

（1）航空器预计的使用特点，如运行的环境、结构和系统的负荷等，并在维修方案中明确。

（2）航空器预计的利用率，如飞行循次/飞行小时的比值、平均航段长度等，在维修方案中需明确，并在选择计划检查间隔和维修任务时采用合适的控制值。

（3）航空器的设计，如飞行小时/时间与机身寿命的对比、预先估计的可靠性等。

（4）航空器的使用历史，尤其是使用困难情况和结构损伤/缺陷的状况，应当在维修方案中给予特殊控制说明。

（5）运营人的维修工程管理能力。对于维修工程管理能力较高的运营人可以采用复杂但较经济的维修方案；对于维修工程管理能力较弱的运营人则需采用经济性不好但容易控制的维修方案。维修工程管理能力的衡量一般应当以专业工程师的配备、工程管理经验和工程管理的手段为标准来确定。

（6）航空器维修的方便性，如运营人自身具备能力或可方便地获得较深度的维修，则可以制定将计划维修任务分散实施的维修方案，以减少航空器的集中停场时间。

3. 维修方案的实施和控制

（1）为保证航空器维修方案的实施，航空运营人应当建立航空器使用状况记录和运行性能监控系统，以保证统计航空器使用时间的准确性和统一性，并对机组报告或维修过程中发现的使用困难、故障或缺陷情况及时记录和处理。

（2）航空运营人应当按照 AC-121-54 或其后续修订版的要求建立可靠性管理体系，以监控维修方案的有效性，并按照规定的程序对维修方案进行调整和优化。

（3）为保证航空器维修方案的规范实施，航空运营人应当建立有关的工作程序，并在获得相应民航地区管理局的认可后按照相应的程序来控制和实施维修。

（4）航空运营人应当建立完善的质量管理系统，以监督所有维修是按照维修方案和工作程序实施的，若发现问题应及时提出改正要求并持续跟踪改正措施的落实情况和效果。

4. 维修方案的调整和优化

(1)航空运营人应当对航空器的初始维修方案进行必要的调整和优化,以持续保持航空器的维修方案符合民航局的要求,并达到保证航空器运行安全性和可靠性的目的。航空器维修方案调整和优化的来源至少应当包括以下情况。

①维修方案实施过程中发现问题后的改正措施;

②民航局或型号审定当局规定的要求;

③航空器执行改装或服务通告后对维修方案中涉及部分的必要修改;

④航空器使用特点和利用率改变后造成原维修方案的不适用性;

⑤航空运营人建立的可靠性管理体系分析的结果;

⑥当初始维修方案建立后,SMR 和制造厂家的 MPD 改变并不意味着航空运营人就必须根据其修改自己的维修方案,而是必须对 SMR 和 MPD 的修订进行评估,确认其修改的原因及对本身的适用性,并确定是否采纳。如果航空运营人已加入该型号航空器的工业指导委员会(Industry Steering Committee)或向工业指导委员会提供相关的数据,则 SMR 和 MPD 的修改可以直接采纳。

(2)航空运营人可对维修方案调整和优化如下内容。

①维修间隔分类的修改(如:飞行小时、飞行循次、日历时间等);

②维修间隔的增加或减少;

③维修任务或维修方式的改变(如检查、功能检查、操纵检查等维修任务;定时、视情、监控等维修方式);

④具体工作内容和要求的修改;

⑤维修任务的删减或增加;

⑥工作程序的修改。

(3)维修任务或维修方式的修改或删减时,应当遵循如下限制。

①不影响按照 MSG-2 逻辑决断产生的与视情/监控维修方式相关的系统维修任务;

②不涉及按照 MSG-2 逻辑决断,涉及安全或隐蔽故障的维修任务;

③不涉及与适航性限制(AWL)和审定维修要求(CMR)相关的维修任务。

(4)除经中国民航局批准外,不得删除按照 MSG-3 逻辑决断,涉及 5/8 类失效相关的维修任务,但可以对此类任务进行修改。

(5)维修间隔的修改应当通过可控制方式(如抽样试验、维修数据统计分析或其他支持数据等)来逐步实现,但事先必须获得相应民航地区管理局的批准,维修间隔修改应能通过可控制的方法进行监控,确保间隔修改后相关系统的可靠性。

抽样试验的方法应通过监控确认状况良好后才可逐步扩大范围直到实现预定目标值。控制原则如下。

①机身、发动机翻修或主要检查时间限制的延长,应当建立在对所有相关使用记录评估的基础上,至少对一架/台该航空器/发动机在达到95%以上的翻修或主要检查时间限制进行相应的维修后,继续以不超过当前批准时间限制 5% 的间隔对其运行情况进行相关的检查和评估;

②对于航空器部件的检查、台架测试和修理时间间隔的延长,航空运营人应当充分考虑其

运行特点、利用率和使用经验,以及航空器或其部件制造厂家的建议;

③当航空器部件由监控维修方式转换为定时维修方式时,如没有上一次翻修的记录,则可用部件总的装机使用时间减去最后一次装机后的使用时间作为自翻修后的使用时间(TSO);如按上述原则仍无法确定,则该部件必须进行大修。

三、维修方案及其变更的申请和批准

1. 航空器初始维修方案的申请和批准

(1)航空运营人对于计划制定初始维修方案的航空器,应当在其计划投入运营前至少90天向相应民航地区管理局申请航空器初始维修方案的批准,并提供如下资料的适用部分。

①航空运营人维修副总经理签署的申请函件和符合性声明;

②航空器初始维修方案(草案);

③初始维修方案中的维修间隔与 SMR、制造厂家提供的持续适航文件、民航局有关要求的符合性对照表;

④SMR、制造厂家提供的持续适航文件;

⑤使用过的航空器的原维修方案(如适用);

⑥使用过的航空器的初始维修方案与原维修方案的转换方案。

(2)上述申请资料应当向航空运营人的相应地区管理局提交,并可在与相应地区管理局协商保证使用及时的情况下不提交其数量较大的资料,而采取在航空运营人的资料存放地点现场查阅的形式。

(3)相应地区管理局在审查并确认初始维修方案符合《维修工程管理手册编写指南》(AC-121-51)的要求后,在维修方案的首页及有效页清单盖批准印章并签字批准初始维修方案。

2. 维修方案变更的申请和批准

(1)除按照民航局的规定必须进行的维修方案变更外,航空运营人应当在其计划变更航空器维修方案前至少30天向相应民航地区管理局申请,并提供如下资料的适用部分。

①航空运营人维修副总经理或其授权人员签署的申请函件和符合性声明;

②航空器维修方案的变更部分(草案);

③维修方案中的维修间隔与 SMR、制造厂家提供的持续适航文件、民航局有关要求的符合性对照表的变更;

④变更的来源及其支持性材料。

(2)上述申请资料应当向航空运营人的相应地区管理局提交。

(3)相应地区管理局在审查并确认航空器维修方案的变更符合《维修工程管理手册编写指南》(AC-121-51)的要求后,在变更后的有效页清单盖批准印章并签字批准航空器维修方案的变更。

3. 使用其他运营人的维修方案的申请和批准

(1)对于计划使用其他航空运营人的维修方案的情况,航空运营人应当在其计划使用前至少90天向相应民航地区管理局提出申请,并提供如下资料的适用部分。

①航空运营人维修副总经理签署的申请函件；

②计划使用的航空器维修方案；

③计划使用的航空器维修方案中的维修间隔与 SMR、制造厂家提供的持续适航文件、民航局有关要求的符合性对照表；

④SMR、制造厂家提供的持续适航文件；

⑤使用过的航空器的原维修方案(如适用)；

⑥使用过的航空器的初始维修方案与原维修方案的转换方案；

⑦航空器维修方案拥有人的可靠性方案；

⑧航空器维修方案拥有人的维修工程管理手册和有关工作程序；

⑨航空运营人的维修工程管理手册和有关工作程序；

⑩双方的书面协议及变更的协调计划。

(2)上述申请资料应当向航空运营人的相应地区管理局提交，并可在与相应地区管理局协商保证使用及时的情况下不提交其数量较大的资料，而采取在航空运营人的资料存放地点现场查阅的形式。

(3)相应地区管理局在审查并确认航空运营人使用该维修方案符合《维修工程管理手册编写指南》(AC-121-51)的要求后，以批准函件的形式进行批准。

4. 航空器加入维修方案的申请

(1)航空运营人申请航空器加入已获批准的航空器维修方案时，应当在其计划投入运营前至少 60 天向相应民航地区管理局申请，并提供如下资料的适用部分。

①航空运营人维修副总经理签署的申请函件；

②维修方案涉及的修订；

③SMR、制造厂家提供的持续适航文件；

④使用过的航空器的原维修方案(如适用)；

⑤使用过的航空器的初始维修方案与原维修方案的转换方案；

⑥可靠性方案涉及的修订。

(2)上述申请资料应当向航空运营人的相应地区管理局提交，并可在与相应地区管理局协商保证使用及时的情况下不提交其数量较大的资料，而采取在航空运营人的资料存放地点现场查阅的形式。

(3)相应地区管理局在审查并确认初始维修方案符合《维修工程管理手册编写指南》(AC-121-51)的要求后，在维修方案修订的有效页清单盖批准印章并签字批准航空器加入维修方案。

四、航空器计划维修要求的编制

航空器的维修工作可以分为计划维修任务和非计划维修任务。计划维修任务是保证航空器固有设计水平和持续适航性的基础。因此，各国民航当局的适航标准都将计划维修要求作为持续适航文件的重要内容，编制计划维修要求文件也是航空器制造厂家或者型号合格证持有人的责任。

国际上行业的通行做法是将计划维修要求分为适航性限制和制造厂家建议两部分。适航性限制部分主要是为满足适航标准而确定的结构适航性限制项目、审定维修要求和时寿件等要求,由适航审定部门结合型号合格审定过程批准;制造厂家建议部分则一般由航空器评审组(AEG)负责评审,针对一些较大的航空器还成立专门的维修审查委员会(MRB),并以发布维修审查委员会报告(MRBR)的方式予以批准或公布。

为编制制造厂家建议的计划维修要求,国际上一直在积极探索合适的分析方法和工具,并在行业内联合成立了维修指导小组(MSG),编制并发布维修任务分析的指导文件。在经历了以"预防性维修"为主要维修方式的 MSG-1、MSG-2 后,1980 年 9 月首次发布了"以可靠性为中心"为主要维修方式的 MSG-3,并成为美国航空运输协会(ATA)的正式规范之一。随着 1994 年 11 月成立的国际维修审查政策委员会(IMRBPB)将 MSG-3 文件作为编制和批准维修审查委员会报告(MRBR)的统一分析工具,MSG-3 在民用航空器制造行业内得到普遍应用,并逐步从运输类飞机扩大到通勤类飞机和直升机。

(一)基本要求

除非经民航局航空器评审组(AEG)的同意,航空器制造厂家应当采用申请型号合格证(或认可证)时最新的 MSG-3 分析方法编制计划维修任务。

注:MSG-3 分析方法因其兼顾安全、运行和经济性,得到国际普遍认可和广泛应用,为帮助航空器制造厂家建立分析流程规范,《维修工程管理手册编写指南》(AC-121-51)附录 A 提供了分析表格样例。尽管如此,对于设计比较简单的航空器,制造厂家可选择仅考虑安全性的分析方法确定计划维修任务,但应当具体说明。

对于运输类航空器,计划维修任务的编制过程应当组织航空运营人参与,并且计划维修要求文件必须得到民航局 MRB 的批准。

对于非运输类航空器,计划维修任务的初始编制过程可以没有航空运营人的参与,但航空器制造厂家应当在交付后根据使用反馈进行适当优化。除通勤类飞机的计划维修文件必须得到民航局 MRB 的批准外,其他非运输类航空器的计划维修要求文件将随同其他持续适航文件一同认可。

尽管通勤类飞机计划维修任务的初始编制过程可以没有航空器用户的参与,但鼓励航空器制造厂家组织航空运营人参与,并参照运输类航空器的流程编制计划维修任务。

(二)运输类航空器计划维修要求的编制和批准

1.组织维修技术委员会(MTC)和维修工作组(WG)

航空器制造厂家应当在开始编制计划维修要求文件前组织由用户或潜在用户、供应商组成的维修技术委员会(MTC)和维修工作组(WG)共同参与的维修任务分析。

维修技术委员会(MTC)由经验丰富的维修专家组成,设置主席和执行主席各一名。主席由用户方代表担任,执行主席由制造厂家的代表担任,负责共同组织 MTC 会议并指导 WG 的工作。

注:上述 MTC 在国际上一般称为工业指导委员会(ISC),但不影响其组成的实质。

维修工作组(WG)一般按照专业设置多个 WG 工作,分别由对应专业的维修专家组成,设置组长和执行组长各一名。组长由用户方代表担任,执行组长由制造厂家的代表担任,负责共同组织 WG 会议。

2. 制定政策和程序手册(PPH)

航空器制造厂家应当在开始编制计划维修要求文件前制定政策和程序手册(PPH),以指导和规范 MTC、WG 应用 MSG-3 的分析方法开展维修任务分析,并明确相应的管理要求。

PPH 应当通过 MTC 会议的讨论,经 MTC 主席批准并获得 MRB 认可。PPH 可在开展维修任务分析后根据需要进行修订。修订的内容也需要经 MTC 批准和 MRB 认可。

3. 初始计划维修要求的分析和批准

航空器制造厂家应当在型号研制阶段根据设计文件的源头数据确定分析对象清单,包括重要维修项目(MSI)、重要结构项目(SSI)、重要闪电和高能辐射防护项目(LHSI)、区域等,按照 PPH 完成 MSG-3 分析文件的草稿,并按专业提交相应的 WG 讨论。WG 应当通过会议的形式对每一份 MSG-3 分析文件进行讨论,并将形成的 WG 结论或意见提交 MTC 讨论。

MTC 应当通过会议的形式对 WG 提交的 MSG-3 分析结论或意见进行讨论,并及时对 PPH 或分析对象存在的问题进行修正。航空器制造厂家应当为 WG 和 MTC 会议提供相应的设施保证,并对讨论中提出的问题进行解释说明或提供技术支持,同时做好会议讨论记录。

MRB 将派出代表参加 WG 和 MTC 会议,并确认 WG 和 MTC 的讨论符合 PPH 的规定。

在完成所有 MSG-3 分析文件后,航空器制造厂家应当根据 MTC 会议讨论确定的维修任务,编制计划维修要求文件建议,并至少在首架航空器交付前 90 天提交 MRB。

MRB 经讨论,确认计划维修要求文件与 MTC 会议讨论的情况一致并符合《维修工程管理手册编写指南》(AC-121-51)第 9 段的内容要求后,MRB 主席将签署批准计划维修要求文件,并向民航局飞行标准司主管部门提出颁发相应批准结论的建议。

注:在批准计划维修要求文件前,MRB 应当确认持续适航文件中包含对应的维修程序,并经过必要的验证。

民航局飞行标准司主管部门将根据 MRB 主席的建议,在航空器评审报告中颁发 MRB 对计划维修要求文件的批准结论。

4. 设计更改或衍生型号计划维修要求的分析和批准

航空器制造厂家应当在计划维修要求文件获得批准后,对所有设计更改可能对计划维修要求产生的影响进行持续控制,以确定计划维修要求文件是否需要修订。针对所有的设计更改,航空器制造厂家应当首先分析设计更改或衍生型号对 MSI/SSI/LHSI/区域等分析对象的影响,并对重大设计更改或衍生型号按照适用性更新分析对象清单。对重大设计更改或衍生型号的情况,航空器制造厂家应当完成新增或受影响分析对象的 MSG-3 分析文件或修订,并按照与初始计划维修要求的分析相同的流程组织完成 WG 和 MTC 讨论,并至少在预期获得批准前 90 天提交 MRB。

对重大设计更改或衍生型号之外的情况,航空器制造厂家应当完成新增或受影响分析对象的 MSG-3 分析文件或修订,对受影响的维修任务可以通过计划维修文件临时修订的方式直接报 MRB 批准,并在经下次 MTC 会议讨论后转为计划维修文件的正式修订。

5. 计划维修任务的优化

为保证维修任务的有效性,航空器制造厂家应当建立机队使用数据的收集、处理、分析完整可靠性管理体系,并依据机队使用数据的分析对计划维修任务进行持续优化。维修任务优化的要求和规范应当列入 PPH。

维修任务的优化应当首先由航空器制造厂家参照《维修工程管理手册编写指南》(AC-121-51)附录 C 的准则进行分析,并向 MTC 提出优化建议。

航空器制造厂家应当组织定期的 MTC 会议对维修任务优化的建议进行讨论。MRB 将派出代表参加 MTC 会议,并确认 MTC 的讨论符合 PPH 的规定。

维修任务优化的建议在经过 MTC 会议讨论后,航空器制造厂家应当根据 MTC 会议讨论的结论提出修订计划维修要求文件建议,并至少在预期获得批准前 90 天提交 MRB。

MRB 经讨论确认计划维修要求文件的修订建议与 MTC 会议讨论的情况一致后,MRB 主席将签署批准计划维修要求文件的修订。

(三) 计划维修要求文件的编制要求

1. 计划维修要求文件的基本要求

计划维修要求文件一般应当对应某一航空器型号中所有采用同一 PPH 进行维修任务分析的衍生型号和构型。如不同衍生型号和构型之间存在维修任务的差异,应当注明具体维修任务的适用性。

对于应采用同一 PPH 进行维修任务分析的衍生型号或构型分别编制计划维修要求文件的情况,航空器制造厂家应当建立统一的维修任务适用性控制清单。该清单无需随同维修任务文件一同发布,但应提供 MRB 确认计划维修要求文件所列维修任务的准确性。

2. 计划维修要求文件的内容要求

除一般手册文件中通常必须包含的控制部分(如批准页、修订记录、有效页清单等)内容外,计划维修要求文件至少应包含以下内容。

(1) 概述部分:说明文件的编制目的和背景、基本规则、适用性等内容;

(2) 系统和动力装置的计划维修任务部分:系统和动力装置部分计划维修任务,并提供其使用说明、间隔使用规则以及抽样检查等特定内容的使用规则等;

(3) 结构计划维修任务部分:结构部分计划维修任务,并提供其使用说明、间隔使用规则以及疲劳损伤检查、腐蚀预防与控制大纲(CPCP)等特定内容的使用规则等;

(4) 区域计划维修任务部分:区域部分计划维修任务,并提供其使用说明、间隔使用规则以及增强区域分析等特定内容的使用规则等;

(5) L/HIRF 计划维修任务部分:L/HIRF 部分计划维修任务,并提供其使用说明、间隔使用规则等(此部分内容可并入系统和动力装置部分);

(6) 对型号审定阶段产生的计划维修项目(如 CMR 和 ALI 等)的说明;

(7) 分析项目清单;

(8) MTC、WG 和 MRB 联系人员名单;

（9）计划维修任务来源的交叉索引清单；

（10）区域划分和接近方式说明。

运输类航空器计划维修任务编制流程及维修任务优化流程分别如图3-2-1、图3-2-2所示。

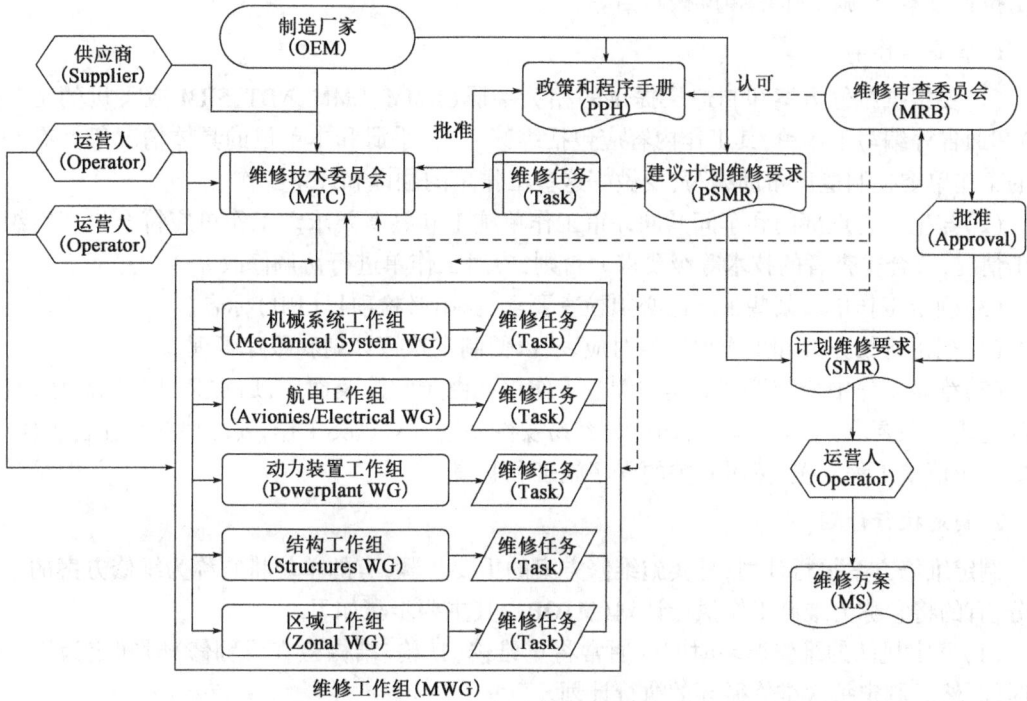

图 3-2-1　运输类航空器计划维修任务编制流程

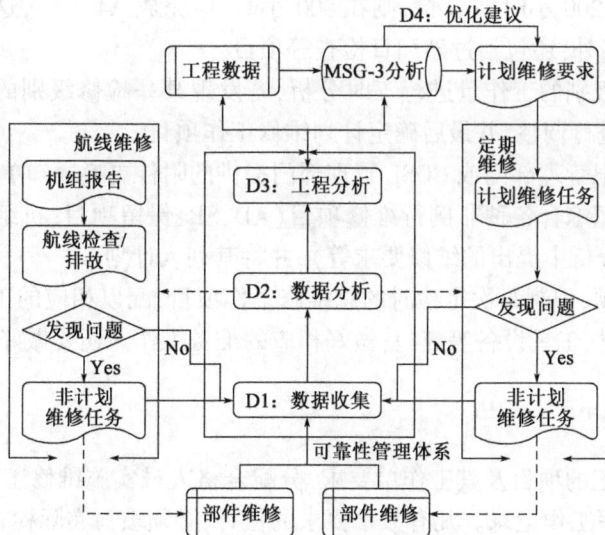

图 3-2-2　维修任务优化流程

五、维修方案的执行

本节主要介绍从维修方案第一部分到完成维修工作的主要程序。其中包括准备工作单、制定执行方案,实施工作单和审核归档等。

1. 准备工作单

(1)要根据维修方案和制造厂提供的相关手册(AMM、CMM、NDT、SRM 或飞机的工艺卡等)和通告等编写工作单,其工作内容应包括维修方案、手册和本单位的具体情况等。有些单位的工作单委托制造厂帮助编写,要做好这些工作单的翻译和评审工作。

(2)与生产管理部门和车间共同评审工作单施工和签署要求。工作单应符合生产组织和分工情况,符合检查者的技术等级要求。否则,应对工作单进行协调修改。

(3)确定工作单或某些工序的必须检查要求,做出必检项目(RII)标志。

(4)列出维修方案和工作单编号对应表,以便制定执行计划和跟踪管理。

(5)维修工作中最难管理的是非例行工作单。由于它涉及面广,通常又具有偶然性,有严格的完成期限要求,工作负荷重,因此最容易发生差错。对这类工作,要尽快补充完善工作单,必要时应请求工程支援,按照有关的程序施工和签署。

2. 制定执行计划

制定维修方案执行计划,是实施维修方案的重要步骤,有的单位将它称为维修方案的第二部分,有的将它称为维修工作执行计划(MTOP),其主要步骤如下。

(1)确定机队的维修循环时间。通常将重维修(D 检、结构检查或翻修)时间定为维修循环时间,然后制定每次维修循环的执行计划。

(2)列出每一维修项目的维修类型(A、B、C 等)或维修控制间隔。

(3)制定工作包组合表,有的称为各级检修控制表,即不同使用时限所应完成的维修工作组合。如某型飞机每 200 小时做 A 检,则在 800 小时,应完成 A4 工作,这时应包括:A、2A 和4A 所要求的项目。另外,还包括过站和日检查等项目。

(4)对每一检修级别的工作量进行工时分析,若发现某一检修级别的工时与实际可提供的工时差别大时,应进行调整,并最后确定计划维修工作项目。

(5)审查附件时限管理部门或 COSL 管理部门提供的附件更换通知单,并列入工作计划。

(6)维修控制部门综合各种非例行维修项目(AD、SB、保留项目、机组报告的故障和不正常使用情况、可靠性分析中提出的维修要求等),并将其列入计划。

(7)根据以上各项,编制每次定检时的总维修工作项目,配以相应的工卡,下发车间执行。同时应通知质控、航材、工具设备等部门,做好相应的准备工作。还要做好工时核算、劳动力调整等项工作。

3. 实施维修工作

(1)各车间按分工的项目及其工作单要求,分配合格人员实施维修工作,完成工作单所要求的任务,并及时填写工作记录。凡有数字要求的检查,必须填写实际检查或测量数值。

(2)工作单应注明详细的工作要求和程序,除承运人有特别规定外,工作者应按照制造厂的要求(手册、通告、规范、工艺卡等)进行维修施工,应特别注意对标准施工规范和通用要求的学习和应用。标准施工规范和通用要求,是在维修检查和改装中必须遵守的,但也是最容易忽略的。

(3)若在执行工作单时发现故障和缺陷,应填写非例行记录表,工作单和非例行维修记录表之间,必须有可追溯性。

(4)执行工作单及非例行维修工作中的技术疑难问题,应请系统工程师进行工程支援,对工作单或指令的任何修改,都应在工作单中体现,以保持其真实性。工作单和指令性技术文件,应在执行中不断修改完善,保持其正确、有效。例如某公司曾颁发过一份紧急类工程指令(EO),它是参照制造厂的通告编写的。指令中要求参照 CMM32-47-45 和 32-47-25 完成改装工作,但制造厂未提供上述文件。经向制造厂询问后,改为按照 AMM32-42-36 完成该指令。但工程师未在 EO 上做修改,工作者却在原 EO 上签了字,也未做任何说明。这个工程师的工作是积极的,工作者也是非常认真的,但是 EO 未修改,造成文实不符,为工作的符合性审查增加了很多困难,也使工作者签字的意义丧失。

(5)工作单签字。完成工作之后,必须按规定要求签名。签名表示对所完成工作的数量和质量负责。在飞机放行栏签字,表示相应的工作全部完成,构成对飞机的维修放行或适航放行。这是一项非常严肃的工作,必须按程序完成工作审查后签字。与签字栏所要求的工作量或工作范围依据不同时,应及时纠正或注明。有的公司将工作单和签字卡分开使用,工作者仅在签字卡上签名,看起来节约了一些纸张,但给维修管理增加了很多困难。

4. 审核和归档

工作单填写的完整性、准确性、真实性和可追溯性,是从事航空器维修工作、填写维修工作单的基本要求,它对落实适航性责任,保证维修工作质量起着重要作用,也能为重大事件或事故调查提供原始证据。

(1)工作单完成后,应交生产部门和质控部门审核,确认工作质量合格和数量正确;

(2)应将工作单中反映的机械故障和维修中的问题,分别向有关部门反映,这是信息收集的重要环节;

(3)将完成的工作单归档、统一保管。保管时限应按公司手册规定执行。对定期工作的记录,最好能持续至 D 检或大修以后;对重大故障修理、重要改装的记录,应保存至飞机报废。

任务评估

任务评价表

评价表编号:

姓名			学号		
班级			完成时间		
序号	评价项目	评分标准		得分	得分说明
1	手册编写规范性	1. 完全使用简体中文编写(或双语标注清晰) 2. 章节结构符合民航局有关要求 3. 术语使用准确		20	

续上表

序号	评价项目	评分标准	得分	得分说明
2	维修方案制定合理性	1. 正确引用机型维修要求文件 2. 合理考虑航空器使用特点 3. 包含完整适航文件要求	25	
3	MSG-3 方法应用	1. 正确运用分析方法 2. 维修任务分类准确 3. 安全性与经济性平衡	20	
4	维修间隔管理	1. 维修循环时间设定合理 2. 调整方案经批准 3. 历史数据运用得当	15	
5	工作单执行质量	1. 项目完整性(含非例行记录) 2. 可追溯性管理 3. 质控部门审核流程完善	20	

任务三 航空维修工卡使用案例

学习任务

一、任务背景

飞机维修工卡是飞机维修过程中不可或缺的指导文件,它详细规定了维修任务的具体步骤所需工具设备、材料以及安全注意事项等,确保维修工作能够按照标准化流程进行,保障飞机的安全性和可靠性。现代航空维修严格执行工卡管理制度,每份工卡均依据飞机制造商维护手册和中国民用航空局 CCAR-43 部规章编制,包含详细的操作步骤、技术标准和安全警示。本任务全程遵循工卡指引,在模拟真实机库环境下,使用标准工具设备完成检查流程,同步完成工卡填写与交叉检查。任务重点在于理解工卡的项目逻辑关系,掌握技术标准解读方法,并养成"逐项实施、逐项签署"的职业习惯,为后续真实维修工作打下坚实基础。

二、学习目标

知识目标

(1)掌握工卡类型(航线/定检/部件维修)及使用规则;理解工卡与维修手册、适航法规的关联性。

(2)熟悉工卡生成、执行到归档的全流程;知晓技术更新或错误修订时的变更审批机制。

📖 能力目标

（1）能够快速筛选并规范执行工卡步骤；遇模糊问题能够查阅手册或反馈缺陷，确保操作合规。

（2）能够提出工卡简化建议，探索新技术融入方式，平衡效率与维修质量。

📖 素质目标

（1）严格按工卡操作，记录完整可追溯；杜绝操作疏漏。

（2）协同团队高效分工；主动学习新技术，推动工卡迭代优化。

三、任务安排

维修文件管理系统设计与模拟

内容	具体要求
任务要求	各小组根据所学的维修文件管理知识，结合现代信息技术（如数据库管理系统、文档管理软件等），设计一个适用于小型航空器维修单位的维修文件管理系统方案
	系统方案应包括系统的功能模块设计（如文件存储、检索、更新、版本控制、用户权限管理等）、数据结构设计（确定需要存储的文件信息和相关数据的组织方式）、操作流程设计（维修人员和管理人员如何使用系统进行文件操作）以及系统的安全性和可靠性设计等方面
	利用合适的软件工具（如 Microsoft Access、Excel 等）对设计的维修文件管理系统进行简单的模拟实现，创建数据库表结构、设计用户界面（至少包括文件录入、查询、修改和删除等功能界面），并录入一些模拟的维修文件数据进行系统测试，验证系统的可行性和有效性
	制作一份维修文件管理系统设计与模拟报告，详细阐述系统设计的思路、过程和结果，包括功能模块、数据结构、操作流程等的设计说明，以及模拟实现的过程和测试情况分析，报告字数不少于2000 字
时间安排	第1-2 天：小组进行维修文件管理系统方案设计，确定系统的各项功能和技术要求
	第3 天：利用软件工具进行系统模拟实现，进行初步测试和调试
	第2 天：撰写维修文件管理系统设计与模拟报告初稿，对系统进行进一步优化和完善
	第5 天：对报告初稿进行修改完善，提交最终版报告及相关附件

🔲 知识链接

　　飞机的持续适航需要遵循严格的维修流程和标准，制定详细的维修计划，执行一系列间隔迥异的维修工作来保持。持单作业、逐项签署是每项维修工作的基本要求。维修工卡便是实施维修工作的依据、指南、载体。它规范操作流程，提高工作效率，保证维修质量，又便于管理监督、追溯责任、促进信息共享，是安全保证的重要节点，在维修过程中无可替代。

　　保证航空安全始终是民航领域历久弥新的主旋律。"安全隐患零容忍"是每个民航从业者孜孜不倦的追求。随着时代发展和科技进步，航空设备可靠性逐渐提高，机械原因引发的不安全事件占比逐渐减少(图3-3-1)。依据中国民用航空局统计数据,人为因素引发的不安全事件占比相应增多。人的疏忽、操作不当、违反规定等原因,使得照章作业、持单作业执行维修工作的重要性愈发显现。

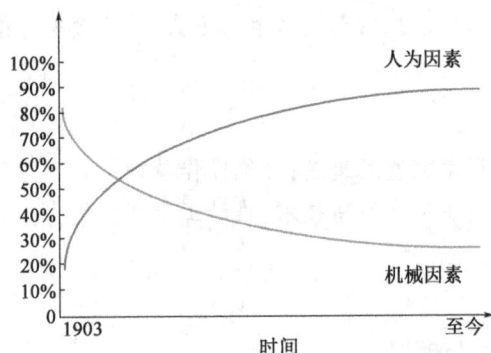

图 3-3-1　航空事故原因趋势

维修工卡详细记录了维修工作的各个环节,包括维修任务、维修方法、维修人员、维修工具等,为维修人员提供了明确的操作指南,使得他们能够快速熟悉维修任务,确保维修工作按照既定流程进行,提高工作效率。同时,维修工卡还可以用于培训新员工,帮助他们快速掌握维修技能。

维修工卡对维修过程中的关键步骤和要求进行了明确规定,有助于维修人员按照规定的标准进行操作,从而保证维修质量。质量部门也可通过对维修工卡的检查和监督,及时发现并解决安全隐患问题。如果出现问题,可以通过回溯维修工卡来判断责任归属、分析问题原因。

维修工卡是维修记录的重要体现,是飞机适航性维护工作的重要记录。维修工卡还可以作为公司内部各部门之间以及与外部合作伙伴之间信息共享的载体(图3-3-2)。

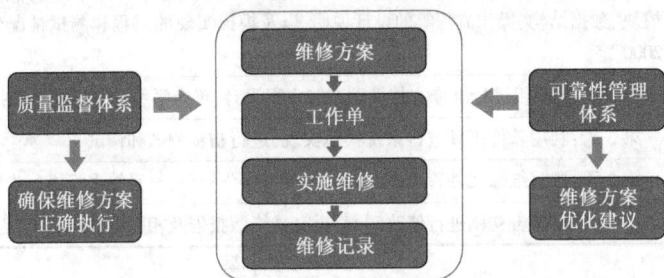

图 3-3-2　维修工卡的重要性

每份维修工卡都有其生命周期,从工卡编写、工作准备、工作计划下发执行到工卡回收、工卡存档,犹如种子发芽,枝繁叶茂,最后又叶落归根。

一、维修工卡的形成

维修工卡是用于执行飞机及其部件的维护、检查等一系列工作,由工程技术分部编写下发的工作单卡。

维修工卡编写的依据是适航性文件、可靠性决议和公司政策。最主要的依据是维修方案，其他依据还有飞机维护手册（AMM、SSM 等），厂家工卡、厂家规范、厂家工程图、行业规范，部件维护手册 CMM 及其他适航性资料（如 CAD/AD、SB/SL、SR、STC/VSTC）、民航局文件、可靠性决议等（图 3-3-3）。工卡编写要求有效、准确、可靠。

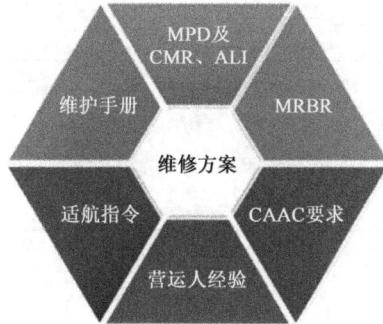

图 3-3-3　航空公司维修方案的来源

如果采用维修信息系统（MIS）进行工卡编写，编写过程中需要确保工作内容明确具体，条理清楚、无歧义，最终为一线工作者提供一份易懂好操作的维修工卡。

维修工卡由封面和正文组成。封面主要罗列了工卡的各项信息，主要包含适用性、间隔、编写依据、工具航材需求信息、完工签署栏、反馈栏等信息。正文主要罗列了工作注意事项、维修工作步骤、图例信息、签署栏等。

维修工卡的诞生需要经历编写、校对、审核、发布四个环节。工程技术分部以 ATA 章节进行分工。系统工程师、结构工程师、动力装置工程师、构型工程师根据分工编写维修工卡。工卡编写完成后需由另一名工程师进行校对，校对无误后流转到工程技术分部经理，由其审核所有文件内容无误后进行审核批准，然后发布。工卡管理的系统操作界面如图 3-3-4 所示。

图 3-3-4　MIS 编写工卡界面

以上就是每一份维修工卡的诞生过程，此时工卡制作的"万里长征"走完了第一步。随着航空器的使用和维修经验的积累，工程技术分部会定期修订维修方案，也会同步不断修正、优化维修工卡，使之适应公司机队的规模、结构和使用环境。

下面为波音737-500飞机机轮和轮胎检查的工卡样例(表3-3-1)。

波音737-500飞机机轮和轮胎检查工卡　　　　　表3-3-1

民用航空器维修实作培训	实习工卡

工卡编号:SXTA-37	实作项目:B737-500飞机机轮和轮胎的检查	
实习课时:2课时	实习日期:	实习工位:飞机施工工位

工卡内容

工具和设备:
1. 起落架销(F72735)项目
2. 游标卡尺项目
3. 防爆手电(按需)

劳保用品、耗材、器材:
1. 手套项目
2. 毛巾

注意事项:
1. 检查前确保所有的起落架上安装了下锁销。没有下锁销,起落架收起会导致人员受伤并对设备造成损坏;
2. 若发现轮胎上扎伤位置残留外来物,不允许直接取出外来物;
3. 取出轮档,检查轮胎底部时,飞机可能会轻微移动。需要确认飞机静止后再进行检查

工作步骤:	工作者	检查者
一、准备工作 1.查找适当手册,找到B737-500飞机的机轮和轮胎－检测/检查工作的章节号 章节号:_____		
2.清点工具,确认工具处于正常状态; 3.检查航空器中操作区域,如发现异常状态,尽快向教员如实汇报; 4.清理工作场地,清除场地中的多余物		
二、操作流程 1.确保已安装起落架安全销		
2.检查机轮有无腐蚀、裂纹、成片剥蚀或起泡的油漆、隔热套损伤、热损伤痕迹,轮毂装配边缘的划痕表明轮毂没有和轮胎一起转动		
3.确认轮毂罩无松动		
4.检查防尘盖和气门芯有无松动		
5.检查连接螺栓状况: (1)连接螺栓和螺帽松动; (2)连接螺栓损伤; (3)连接螺栓丢失		
6.如果发现连接螺栓松动、损伤或丢失,根据B737-500飞机AMM32-45-11 P/B 401(主起落架机轮和轮胎-拆卸/安装)或AMM32-45-21 P/B 401(前起落架机轮-拆卸/安装)更换机轮		

续上表

工作步骤:	工作者	检查者
7. 检查机轮: (1)检查机轮在正确的安装角度以及法兰盘丢失个数; (2)检查机轮上损伤过多的区域		
8. 检查主起落架机轮上的热熔塞: 　(1)如果检查发现热熔塞熔化导致气压明显下降,参考 B737-500 飞机 AMM 05-51-07 P/B 201〔高能刹车和热损伤状况－维护程序(状态检查)〕,做高能/高热损伤状况检查。 　(2)如果轮胎平整,参考 B737-500 飞机 AMM 05-51-07 P/B 201〔高能刹车和热损伤状况-维护程序(状态检查)〕,做高能/高热损伤状况检查。 　①标记机轮拆卸原因; 　②检查机轮		
9. 检查轮胎: 　警示:不同制造厂商生产的轮胎可能包括不同数量的线状加强层。 　(1)检查轮胎磨损状况; 　　检查轮胎是否有漏气、磨损,不寻常的磨损区域、切口和平点。 　(2)检查轮胎表面的污染物。 　①保持轮胎干净,没有污染物例如滑油、燃油、液压油、飞机清洁剂和润滑脂。如果这些或其他潜在有害的化学物质会洒在轮胎上,罩住轮胎。 　②如果轮胎被污染,用肥皂溶液擦拭轮胎。 　③如果轮胎表面看起来柔软,出现类似海绵的膨胀,则应尽快停止使用此轮胎。 　(3)检查轮胎是否出现以下状况: 　①在沟槽、胎面、胎肩或侧壁里的切口或风化裂纹超出图表限制。 　②在胎面,胎肩或侧壁区域上的鼓包,膨胀或其他分层的迹象。 　③有平点的轮胎可以看到胎面加强层(斜交)或防割层(子午线)。 　注意:如果能看到胎面加强层(斜交)或防割层(子午线),则应尽快更换轮胎。如有必要,轮胎可以用于少量次数的着陆,直到更换为止。但是,如果在这种情况下轮胎使用时间过长,轮胎或许不能翻新。 　④其他可能会导致轮胎出现问题的损伤。 　(4)检查轮胎磨损区域。 　①在等距的三个点处测量轮胎胎槽的深度。 　②如果任何胎槽的平均深度为 1/32 英寸(0.79mm)或更浅,则必须在下一个方便的维护时间更换轮胎。 　③如果在任何位置露出胎面带束层(子午线)或胎体帘线层(斜交),则轮胎无法使用并且必须更换。 　④如果在任意位置,胎面磨损使得防割层(子午线)或胎面加强层(斜交)露出,则轮胎必须在下一个方便维护的时机更换。 　注意:如果能看到防割层(子午线)或胎面加强层(斜交),则应尽快更换轮胎。如有必要,轮胎可以用于少量次数的着陆,直到更换为止。但是,如果在这种情况下轮胎使用时间过长,轮胎或许不能翻新。 　⑤如果轮胎上任意一点磨损达到沟槽底部或第一层帘线露出,必须拆下机轮。 　注意:如果能看到胎面加强层(斜交)或防割层(子午线),则应尽快更换轮胎。如有必要,轮胎可以用于少量次数的着陆,直到更换为止。但是,如果在这种情况下轮胎使用时间过长,轮胎或许不能翻新。 　⑥如果轮胎磨损至第二层帘线,必须立刻更换轮胎。 　备注:如果轮胎出现上述状况,需要根据损伤程度,参考手册标准执行相应维护工作		
三、操作结束后的检查和场地恢复 1. 清点、检查工具的状态和数量,并将工具归还至指定位置; 2. 检查、清理工作场地,确保工作场地中没有遗留任何多余物		

续上表

参考图

胎面
TREAD（TIRE CROWN）

胎面肋
TREAD RIB

胎面沟槽
TREAD
GROOVE

防扎伤层
CUT PROTECTOR 1

胎肩区域
SHOULDER AREA

带束层
BELT PLIES

胎体层
CARCASS PLIES

GROOVE
DEPTH
沟槽深度

内壁
INNER LINER

侧壁区域
SIDEWALL AREA

侧壁
SIDEWALL

胎圈钢丝环
WIRE BEAD

胎圈跟
BEAD HEEL

胎圈趾
BEAD TOE

BEAD AREA
胎圈区域

胎圈座
BEAD SEAT

RADIAL TIRE
子午胎

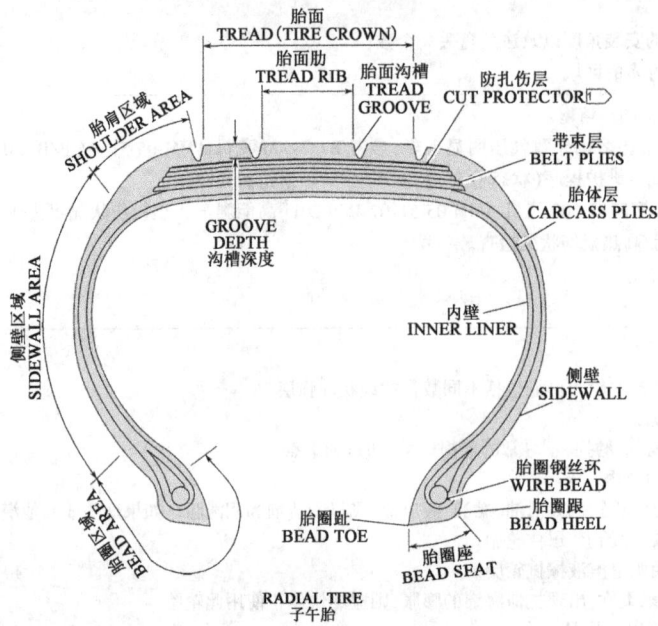

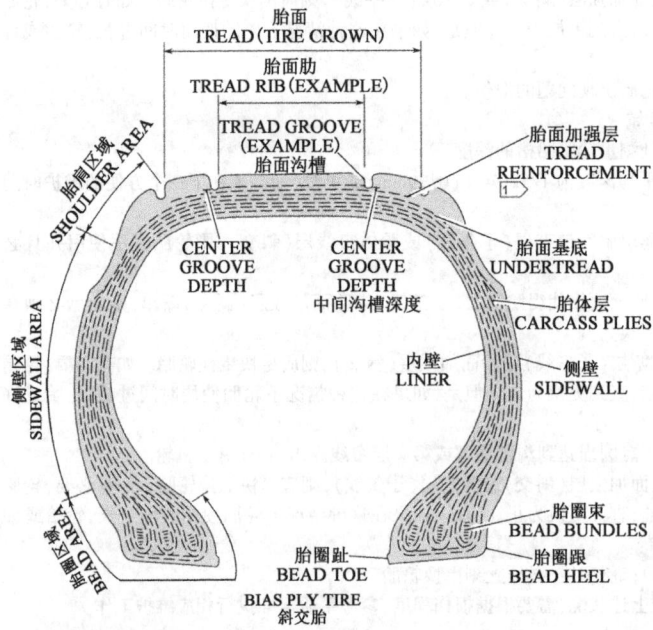

1 THE TREAD REINFORCEMENT/CUT PROTECTOR
CAN BE METAL OR KEVLAR
胎面加强层/防扎伤层可以是金属或凯芙拉合成纤维

子午胎构型

胎面
TREAD（TIRE CROWN）

胎面肋
TREAD RIB（EXAMPLE）

TREAD GROOVE
（EXAMPLE）
胎面沟槽

胎肩区域
SHOULDER AREA

胎面加强层
TREAD
REINFORCEMENT
1

CENTER
GROOVE
DEPTH

CENTER
GROOVE
DEPTH
中间沟槽深度

胎面基底
UNDERTREAD

胎体层
CARCASS PLIES

内壁
LINER

侧壁
SIDEWALL

侧壁区域
SIDEWALL AREA

胎圈束
BEAD BUNDLES

胎圈区域
BEAD AREA

胎圈趾
BEAD TOE

胎圈跟
BEAD HEEL

BIAS PLY TIRE
斜交胎

1 THE TREAD REINFORCEMENT/CUT PROTECTOR
CAN BE METAL OR KEVLAR.
胎面加强层/防扎伤层可以是金属或凯芙拉合成纤维

斜交胎构型

参考图

胎面加强/防扎伤层
TREAD REINFORCEMENT/
CUT PROTECTOR PLIES

胎体层
CARCASS/BELT PLIES

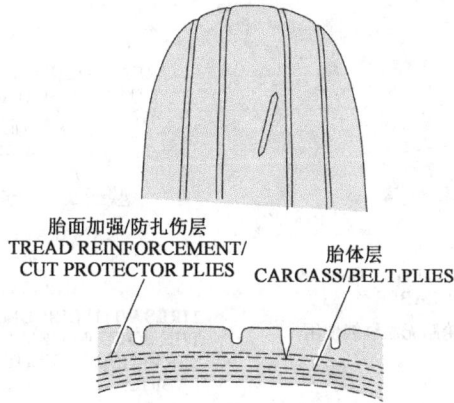

CIRCUMFERENTIAL CUTS
CIRCUMFERENTIAL CUTS THAT PENETRATE ANY
OF THE FABRIC PLIES ARE NOT SERVICEABLE.
周向割伤：穿透任意帘布层，则轮胎无法继续使用

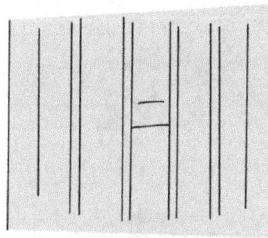

TRANSVERSE CUTS
横向割伤

(A) TRANSVERSE CUTS THAT ARE CONTAINED
WITHIN A RIB AND PENETRATE INTO THE
CARCASS PLIES (BIAS) OR BELT PLIES
(RADIAL) ARE NOT SERVICEABLE.

(B) CUTS THAT EXTEND ACROSS A RIB FROM
GROOVE TO GROOVE WHICH ARE DEEPER
THAN THE GROOVE ARE NOT SERVICEABLE.

横向割伤：
A. 长度不超过一个胎面肋并且穿透至胎体层(斜交胎)或带束层(子午胎)，则轮胎无法继续使用
B. 长度超过一个胎面肋且深度超过沟槽，则轮胎无法继续使用

周向割伤与横向割伤

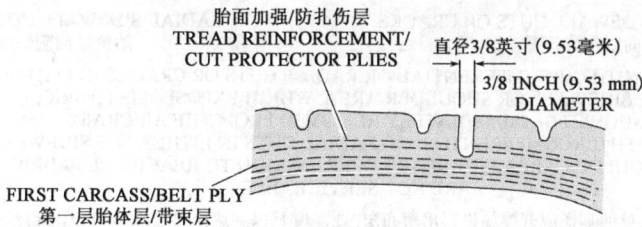

胎面加强/防扎伤层
TREAD REINFORCEMENT/
CUT PROTECTOR PLIES

直径3/8英寸(9.53毫米)
3/8 INCH (9.53 mm)
DIAMETER

FIRST CARCASS/BELT PLY
第一层胎体层/带束层

扎伤
PUNCTURE

TIRES WITH HOLES LARGER THAN 3/8 INCH (9.53 mm) DIAMETER
OR HOLES THAT PENETRATE INTO THE CARCASS PLIES (BIAS)
OR BELT PLIES (RADIAL) ARE NOT SERVICEABLE.
胎面扎伤的直径大于3/8英寸(9.53毫米)或者穿透胎体层(斜交胎)或
带束层(子午胎)，则轮胎无法继续使用

扎伤

参考图

RIB

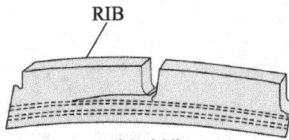

肋根割伤
RIB UNDERCUTS

TIRES WITH A CRACK THAT EXTENDS BELOW
A TREAD RIB ARE NOT SERVICEABLE.

胎面开裂延伸到胎面肋以下，则轮胎无法继续使用

TREAD REINFORCEMENT/
CUT PROTECTOR PLIES
胎面加强/防扎伤层

FIRST CARCASS PLY
第一层胎体层
GROOVE CRACKS

TIRES WITH CIRCUMFERENTIAL CRACKS AT
THE BOTTOM OF THE GROOVES ARE NOT
SERVICEABLE IF THE CRACKS EXPOSE ANY
FABRIC.

沟槽开裂
胎面周向开裂位于沟槽底部，且开裂露出帘布层

肋条底部撕裂和沟槽裂纹

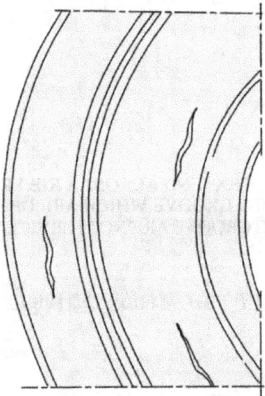

CIRCUMFERENTIAL SIDEWALL CUTS OR CRACKS
胎侧周向割伤或开裂

RADIAL SIDEWALL CUTS OR CRACKS
胎侧径向割伤或开裂

TIRES WITH CIRCUMFERENTIAL OR RADIAL CUTS OR CRACKS IN EITHER
THE SIDEWALL OR SHOULDER AREA, WHICH EXPOSE THE FABRIC,
SHOULD BE IMMEDIATELY REMOVED FROM THE AIRCRAFT.
TIRES WITH CIRCUMFERENTIAL OR RADIAL CUTS IN EITHER THE SIDEWALL
OR SHOULDER AREA, WHICH ARE DEEP ENOUGH TO REACH THE FABRIC,
ARE NOT SERVICEABLE.

胎侧或胎肩处的割伤或开裂如果露出帘布层，或深度足以到达帘布层，则轮胎无法继续使用

周向侧壁割伤或裂纹和径向侧壁割伤或裂纹

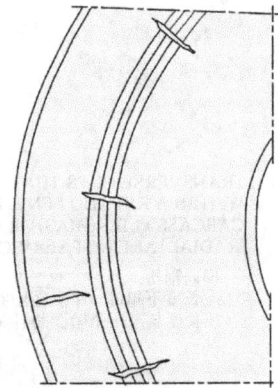

续上表

参考图

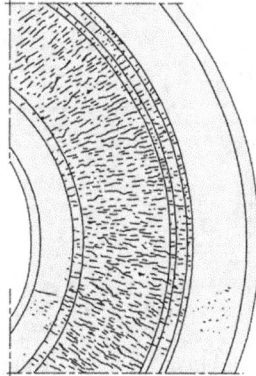

OZONE AND/OR WEATHER CUTS OR CRACKS

TIRES WITH CUTS OR CRACKS IN THE SIDEWALL WHICH ARE CAUSED BY AGE/WEATHER DETERIORATION ARE NOT SERVICEABLE IF THE FABRIC IS EXPOSED.

臭氧和/或环境导致的割伤或开裂

由于长时间使用或环境风化导致胎侧割伤或者开裂且露出帘布层，
则轮胎无法继续使用

老化裂纹

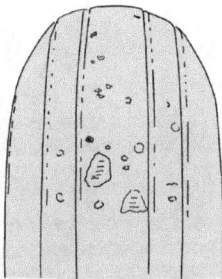

TREAD FLAKING,CHIPPING OR CHUNKING

TIRES WITH FLAKING,CHIPPING OR CHUNKING TREADS ARE NOT SERVICEABLE IF ANY FABRIC IS EXPOSED.

胎面剥落、掉块
不能露出帘布层

OPEN TREAD SPLICE

TIRES WITH AN OPEN TREAD SPLICE ARE NOT SERVICEABLE. A CLOSED TREAD SPLICE WILL APPEAR AS A THIN LINE THAT CROSSES THE TREAD RIBS.

胎面开口缝隙

不允许。封闭的胎面缝隙呈现为横穿肋的
一条细线

掉块和开口缝隙

参考图

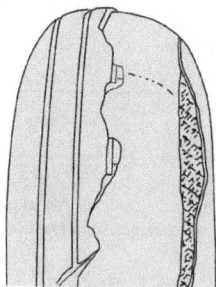

THROWN TREAD

TIRES WITH THROWN TREADS ARE NOT
SERVICEABLE.

胎皮脱落
不允许

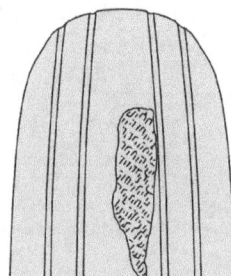

PEELED RIB

TIRES WITH PEELED RIBS ARE NOT
SERVICEABLE.

胎肋剥落
不允许

胎面脱落和肋部剥落

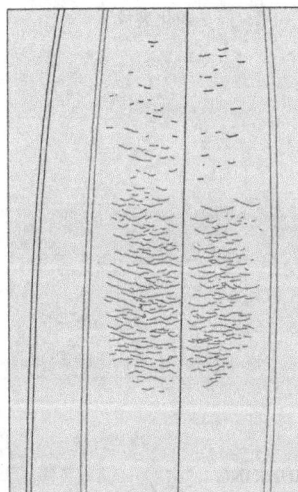

V形割伤

任何一条割伤超过割伤标准或者导致帘布层露出，
则轮胎无法继续使用。

V 形割伤

参考图

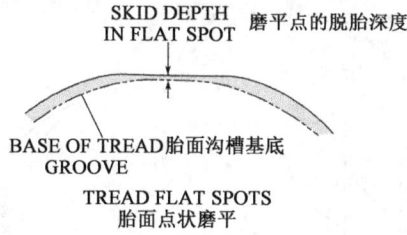

SKID DEPTH IN FLAT SPOT 磨平点的脱胎深度

BASE OF TREAD 胎面沟槽基底 GROOVE

TREAD FLAT SPOTS
胎面点状磨平

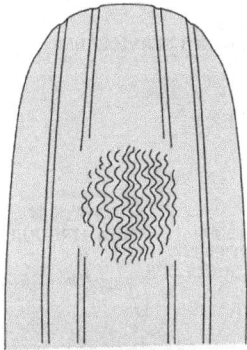

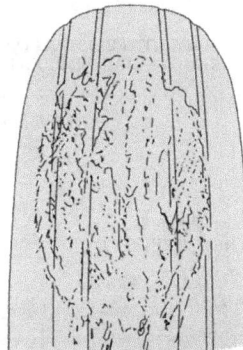

FLAT SPOT

TIRES WITH FLAT SPOTS ARE NOT SERVICEABLE IF THE FLAT SPOT EXPOSES THE TREAD REINFORCEMENT OR CUT PROTECTOR PLIES OR TIRE BALANCE IS AFFECTED.

点状磨平

胎面磨平露出加强层/防扎伤层或者影响轮胎平衡, 则轮胎无法继续使用

ICE SKID BURN/TREAD RUBBER REVERSION

TIRES WITH ICE BURN/TREAD RUBBER REVERSION ARE NOT SERVICEABLE IF THE DAMAGE EXPOSES THE TREAD REINFORCEMENT OR CUT PROTECTOR PLIES OR TIRE BALANCE IS AFFECTED.

冰面脱胎烧伤/胎面橡胶硫化还原

胎面有冰面脱胎烧伤/胎面橡胶硫化还原损伤, 且损伤露出了加强层/防扎伤层或者影响轮胎平衡, 则轮胎无法继续使用

点状磨平和烧伤/胎面橡胶硫化还原

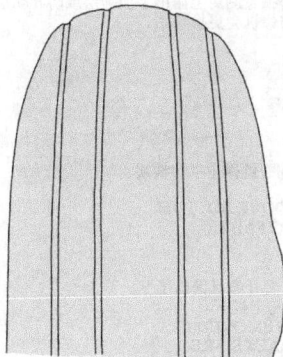

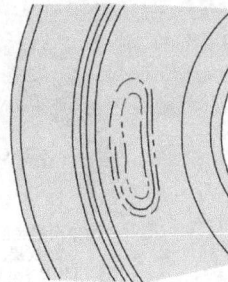

SIDEWALL SEPARATION

TIRES WITH BLISTERS OR BULGES IN THE SIDEWALL ARE NOT SERVICEABLE. REMOVE TIRE IMMEDIATELY.

侧壁分离
胎侧有起泡或鼓包, 则轮胎不可用。立即拆下轮胎

侧壁分离

参考图

TREAD SEPARATION

TIRES WITH BLISTERS OR BULGES IN THE TREAD ARE NOT SERVICEABLE.
REMOVE TIRE IMMEDIATELY.

胎面分离
胎面有起泡或鼓包的轮胎不可用。立即拆下轮胎

胎面分离

新胎轮廓
NEW TIRE(REF)

胎肩上露出了加强层
TREAD REINFORCEMENT
PLY SHOWING ON SHOULDER

新胎轮廓
NEW TIRE(REF)

TREAD WORN BELOW
ORIGINAL GROOVE BOTTOM
(THIS AREA CAN SOMETIMES
APPEAR TO LOOK LIKE
THE BOTTOM OF A GROOVE.)
胎面磨损至原始沟槽底部
（该磨损区域通常看上去像沟槽底部）

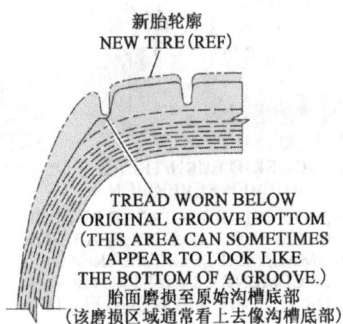

TIRE SHOULD BE REMOVED
IF TREAD WEARS BELOW
BOTTOM OF TREAD GROOVE.
胎面磨损至原始沟槽底部，
则轮胎必须拆下

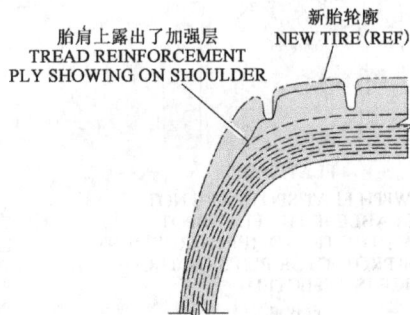

TIRE MUST BE REPLACED AT THE NEXT CONVENIENT
MAINTENANCE OPPORTUNITY IF THE TREAD IS WORN,
AND THE TREAD REINFORCEMENT OR CUT
PROTECTOR PLIES IS SHOWING ON SHOULDER.

(TIRE SHOULD BE REMOVED IF ANY FABRIC IS
SHOWING ON SHOULDER.)

胎面磨损且胎肩上露出了加强层或防扎伤层，必须在下一次
方便的维修机会更换轮胎。

沟槽底部裂纹露出了帘线层。

CRACK IN GROOVE BOTTOM
EXPOSING FABRIC

如果沟槽底部有起泡或者开裂且露出了
帘线层，轮胎必须马上拆下。
TIRE SHOULD BE REMOVED IF
BLISTERS OR CRACKS ARE
FOUND IN A GROOVE BOTTOM
WHICH EXPOSES FABRIC.

SHOULDER WEAR CONDITIONS
胎肩磨损情况

胎肩磨损

编写人：	审核人：	教师签字：	完工日期：	教学资料编号/版次

二、维修工卡的发布、计划和下发

维修工卡经过工程技术分部经理审批之后通过邮件、MIS(维修信息系统)系统等通知到生产计划分部(PPC),由 PPC 生产计划工程师核实确认工卡的适用性和间隔,在 MIS 系统中正式发布。

PPC 随后通过 MIS 实现对维修任务的监控、计划和下发工作。不同类型、不同时限的工卡统一汇总在一个工卡池中。PPC 根据工卡的性质梳理具体工作,形成周期不等的工作计划,最终安排到工作者手中。

PPC 监控的维修任务的范围包括:例行维修项目(A 检、C 检)和可变更维修项目(发动机拆换、APU 拆换、零部件拆换、重大项目执行、工程指令等)。

工卡的计划周期分为四类:长期计划(36 个月计划)、中期计划(18 个月计划)、短期计划(月计划、周计划)(图 3-3-5)。

图 3-3-5　维修计划分类

长期计划和中期计划主要影响飞机 C 检、大项工作的停场(发动机更换、起落架更换、以及结合停场执行的维修工作),对其他维修工作的指导意义不强,中长期计划不予控制,维修任务最终通过月计划和周计划实施。

每月中旬根据维修工卡的时限信息生成下个月的月计划,发布给航材部门、工具部门、生产部门进行工作准备。

每周根据各部门对月计划的回复结果,与航材、工具、MCC 等沟通协调,保证航材和工具保障到位,涉及特殊任务还需考虑飞机机位是否满足工作条件、工时资源是否匹配等问题。

PPC 生产计划工程师根据每一项维修工作任务到期时限,最多提前 10% 的时间,统筹每一周的工作任务,制定下周的周计划初稿和发布稿,经批准后发布最终正式的《周维修计划》。

PPC 在维修工卡的监控、计划和下发过程中,具有承上启下的作用。

三、维修工卡的准备到回收

如果使用纸版工卡。对于《周维修计划》列明的维修工作,PPC 工程师在 MIS 系统建立相应的 WO(工作指令),WO 工作指令在 MIS 系统流转至维修控制分部(MCC)的短期计划和当日计划栏目内。最终 MCC 根据飞机运行情况,结合各方面影响,将短期工作任务下发到具体的每一天。

航线工卡由 MCC 主控工程师从 MIS 系统短期计划将工卡导出成 PDF 电子文件,发往执行体维修工作的外站。MIS 系统准备维修工卡界面如图 3-3-6 所示。

最终准备完成的工卡经过外站站长安排,分发至一线工作者使用。工作者按照工卡的要求逐项执行每项维修工作,维护飞机的持续适航安全保障。

图 3-3-6 MIS 系统准备维修工卡界面

维修工卡完工签署后,由 MCC 进行工卡回收,并进行签署复核,复核完毕后交至 PPC(生产计划分部),PPC 检查 MIS(维修信息系统)系统工作单卡关单记录,复核完毕后进行质量复核并存档,作为重要维修记录予以保存。

工卡的流转程序如图 3-3-7 所示。

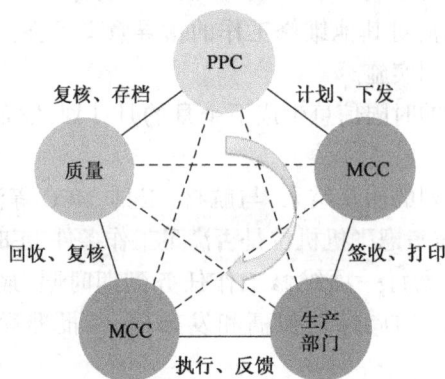

图 3-3-7 一份维修工卡的流转过程

对于 A 检工卡,由生产计划工程师打印,打印完毕后交给 MCC,由 MCC 将 A 检维修工卡交给生产部门,完工后由 MCC 回收、复核,转交 PPC 复核,复核结束后转交质量存档。

无论是准备航线工卡还是 A 检工卡,需要注意的细节涉及方方面面,比如需确保打印的工卡是正确的、完整的且现行有效的。

四、维修工卡的反馈和归档

工卡返回至 PPC 后,PPC 生产计划工程师的工作还在继续。首先,PPC 生产计划工程师要确认已经下发的计划任务是否已经在 MIS 系统关单,如果有异常还需与工作者沟通后在 MIS 系统中关单。

对于收回来的工卡，生产计划工程师需核实数量，避免在流转过程中丢失遗漏。生产计划工程师还需核对工卡的实际工时、完工时间等，以便后续进行工时分析。工卡中如果涉及要求反馈事项的，还需确认反馈页电子版已上传至 MIS 系统。

最后，生产计划工程师将工卡送至质量单机档案室进行保存。归档移交时需要生产计划工程师移交当日工卡清单和对应的纸版工卡，单机档案室通过对工卡进行分类，按照飞机号、工卡类型保存卡，以备后续的检查调用。

工卡的签署执行仍存在可以改进的地方，比如进行电子化签署、无纸化流转，实时统计工时，可以减少纸张成本并提高工作效率。

飞机适航安全保障却永无止境，依靠着千千万万份工卡的执行来维系。每份维修工卡虽然只是维修工作当中的一小部分，却汇集了维修系统每一名职工的辛劳成果，是其智慧的结晶。"安全隐患零容忍"，恪尽职守，为一线工作做好充分的准备，保证一线按照规章程序执行每一项工作，就是生产计划分部为飞行安全做出的努力。

任务评估

任务评价表

评价表编号：

姓名			学号		
班级			完成时间		
序号	评价项目	评分标准		得分	得分说明
1	工卡类型与构成熟悉度	能够准确识别并解释不同种类的工卡(如航线维护工卡、定检工卡等)及其基本信息(飞机型号、工作单号等)		15	
2	工卡编号规则与版本标识理解	能够通过编号快速判断工卡所属飞机系统及适用范围，准确识别最新有效版本		15	
3	工卡关联知识掌握程度	能够理解工卡中维修步骤的技术支撑点，熟悉工卡与适航法规、航空公司内部维修标准的契合关系		15	
4	工卡流程知识了解程度	清楚维修工卡的生成、发放、使用、归档全流程，了解工卡变更流程		15	
5	工卡解读与应用能力	能够快速、精准解读工卡内容，准确理解维修步骤、技术要求，并高效完成维修工作		20	
6	工卡流程操作能力	熟练掌握工卡领用、归还流程，具备工卡执行过程中的反馈能力		20	
7	工卡优化与创新能力	能够提出工卡优化建议，关注行业新技术、新方法在维修中的应用，探索融入现有工卡体系		10	
8	严谨细致的工作态度	对维修工卡保持高度敬畏之心，仔细核对工卡信息，确保操作精准匹配，记录习惯良好		10	
9	团队协作与沟通精神	在工卡使用过程中与同事密切协作，与上下游部门保持良好沟通		10	
10	持续学习与进取意识	树立不断学习的理念，主动学习新知识，积极参与工卡优化、维修创新项目		10	

模块测试

一、选择题

1.飞机维修文件中,用于详细记录某一特定维修任务操作步骤和技术要求的文件是(   )。

    A.维修方案   B.工卡

    C.维修手册   D.故障隔离手册

2.在编制飞机维修文件时,必须遵循的国际标准是(   )。

    A.FAA 法规   B.EASA 规定

    C.ISO 标准   D.适航当局颁布的适航规章

3.以下哪项不属于飞机维修文件编制的基本原则?(   )

    A.准确性   B.完整性   C.简洁性   D.创新性

4.飞机维修文件中,用于记录飞机维修历史和状态的文件是(   )。

    A.飞行记录本   B.维修记录

    C.构型管理文件   D.质量控制文件

5.当对飞机维修文件进行修订时,首先应考虑的因素是(   )。

    A.新技术的应用   B.维修人员的反馈

    C.适航要求的变化   D.航空公司的运营需求

6.以下哪种航空器维修文件主要用于记录维修工作的详细步骤和操作要求?(   )

    A.维修手册   B.工卡

    C.故障报告   D.维修记录

7.在航空器维修文件编制中,对于文件的语言表达要求不包括以下哪项?(   )。

    A.尽量使用专业术语   B.表述要清晰、简洁

    C.可以使用模糊的描述来涵盖多种情况   D.避免歧义

8.维修文件管理中的版本控制主要目的是(   )。

    A.记录文件的修改次数

    B.确保维修人员使用最新且正确的文件版本

    C.便于文件的打印和分发

    D.区分不同维修单位的文件格式

9.以下哪个是航空器维修记录文件应包含的内容?(   )。

    A.维修人员的家庭住址   B.维修工具的购买价格

    C.维修日期和维修人员签名   D.飞机乘客名单

10.对于涉及航空器安全关键系统维修的文件,其审核批准通常需要(   )。

    A.维修班组长签字   B.维修单位质量部门审核

    C.航空公司机长签字   D.机场塔台指挥人员签字

二、填空题

1. 航空器维修手册通常按照飞机的_____系统进行分类编写,方便维修人员查找相关内容。

2. 在编制维修文件时,为了确保数据的准确性,对于重要的技术参数和规格,应注明其_____。

3. 维修文件管理系统的检索功能可以通过文件编号、维修日期、飞机_____等多种方式进行。

4. 当航空器维修文件需要更新时,除了修改文件内容,还需要更新文件的_____记录,以体现修改信息。

5. 对于复杂的航空器维修任务,工卡可能会包含多个_____,每个子项详细描述一个维修操作步骤。

三、名词解释

1. 维修方案
2. 工卡
3. 适航指令

四、简答题

1. 简述飞机维修文件编制的主要流程。
2. 飞机维修文件应包含哪些基本内容?
3. 说明在飞机维修文件中,维修记录的重要性及主要记录内容。
4. 简述维修手册(AMM)的主要作用。
5. 说明维修记录文件的重要性体现在哪些方面。
6. 请阐述飞机维修文件更新流程中的关键步骤。
7. 在飞机维修文件管理中,如何确保维修人员使用的是最新版本的文件?
8. 简述航空器维修文件在航空维修工作中的重要性。
9. 说明维修手册和工卡这两种维修文件在内容和用途上的主要区别。

模块四
MODULE FOUR
飞机维修手册概述与应用

模块导学

本模块聚焦案例分析与实际应用,旨在提升飞机维修实操能力。知识方面,应掌握飞机维修手册(如 AMM、IPC、FIM 等)结构、类型及应用,熟悉工卡概念、格式与使用方法,了解ATA100 规范内容与编排应用。技能方面,着重培养手册查询能力,应能在手册中迅速定位并运用信息;通过实践训练,确保熟练操作工卡,规范执行维修任务。同时,借助案例分析与模拟操作,应能够将手册与工卡知识用于实际维修,增强解决实际问题的能力。

任务一　飞机维修手册简介

学习任务

一、任务背景

飞机维修手册(AMM)是航空维修工作中最重要的技术文档之一,包含了飞机各系统的详细结构、工作原理、维护程序和故障排除方法。熟练掌握维修手册的使用是每一位航空维修人员的基本技能。本任务旨在通过实际案例,帮助学生熟悉维修手册的结构和内容,掌握快速查找所需信息的方法。根据模拟故障场景,在手册中查找相关维护程序、技术标准和注意事项,并制定维修方案。通过本任务,应当提升信息检索能力、技术理解能力以及解决实际问题的能力,为未来的维修工作打下坚实基础。

二、学习目标

知识目标

（1）掌握飞机维修手册的基本结构和类型，了解飞机维修手册（如 AMM、IPC、FIM 等）的基本结构、内容组成及其在维修工作中的应用。

（2）熟悉工卡的使用与解读，掌握工卡的基本概念、格式和使用方法，能够正确识读并理解工卡中的信息。

（3）了解 ATA100 规范，掌握 ATA100 规范的基本内容，包括其编排方法和在手册中的应用。

能力目标

（1）具备手册查询能力，能够独立完成手册的查询任务，快速定位所需信息，并准确应用到实际维修工作中。

（2）熟练操作工卡，掌握工卡的使用方法，包括如何根据工卡执行维修任务，确保操作规范。

素质目标

（1）培养严谨认真的工作态度，注重细节，确保维修工作高质量完成。

（2）通过小组讨论和协作任务，培养良好的团队合作精神，提升团队协作能力。

（3）树立职业责任感和安全意识，遵守航空维修职业道德规范，确保维修工作的安全性和可靠性。

三、任务安排

（一）波音飞机维护手册信息收集（小组任务，每组 4-5 人，40%）

任务要求	通过查阅资料，收集波音飞机各种维护手册的相关信息，了解手册的类型、内容及用途，为课堂学习做好准备。
	收集内容： （1）收集至少 5 种波音飞机常用维护手册的信息，包括但不限于： 飞机维修手册（AMM）； 故障隔离手册（FIM）； 图解零件目录（IPC）； 系统示意图手册（SSM）； 维护计划文件（MPD）； （2）每种手册需包括以下信息： 手册名称及缩写； 主要内容与用途； 使用场景（如日常维护、故障排除、部件更换等）； 获取途径（如波音官网、航空公司资料库等）

任务要求	提交一份完整的故障收集报告,内容包括: 封面(任务名称、学生姓名、日期); 每种故障的详细描述与分析(文字＋图片/图表); 参考资料列表(按标准格式列出所有查阅的文献、手册、案例等)(每组报告字数不少于1000字)
参考资料	波音公司官网或技术文档库; 航空公司维修资料库; 学术文献或行业报告; 相关书籍或在线资源
时间安排	第1天:明确任务要求,确定查找方向,开始查阅相关手册信息
	第2-3天:收集至少5种维护手册的相关信息,初步整理成文档
	第4天:写报告正文部分,补充图片或截图,完善内容
	第5天:检查报告内容,提交报告

(二)AMM手册组成与使用方法(60%)

任务要求	通过查阅资料,收集飞机维修手册(AMM)的组成结构、内容特点及使用方法,为课堂学习做好准备
	1. AMM手册组成: 手册的基本结构(如章节划分、附录等); 各部分的详细内容(如前言、系统描述、维护程序等); 2. AMM手册主要用途: 手册可以使用在哪些方面(日常维护、故障排除、部件更换、技术参考等); 3. AMM手册使用方法: 如何快速查找所需信息(如目录、索引的使用); 手册中的符号、缩写及术语解释; 实际应用案例(如故障排除、部件更换等场景)
	成果形式: 提交一份信息收集报告,内容包括: 封面(任务名称、学生姓名、日期); AMM手册组成与使用方法的详细说明(文字＋图片/截图); 实际应用案例分析; 参考资料列表(按标准格式列出所有查阅的资料)
工具与资料	波音、空客等飞机制造商的官方文档; 航空公司维修资料库; 学术文献或行业报告; 相关书籍或在线资源
时间安排	第1天:明确任务要求,确定查找方向,开始查阅AMM手册相关信息
	第2-3天:收集AMM手册组成与使用方法的相关信息,初步整理成文档
	第4-5天:对检查结果进行分析,撰写报告正文部分
	第6-7天:补充图片、图表,完善报告格式,确保内容完整、排版规范,提交报告

一、飞机维修手册简介

在维修文件编制过程中,必须用到各种类型的手册文件以及各种依据文件资料。所以机务维修人员必须要掌握手册的查询方法,了解各手册的组成内容,提升自身对手册的查询使用能力。波音公司手册体系如图 4-1-1 所示。

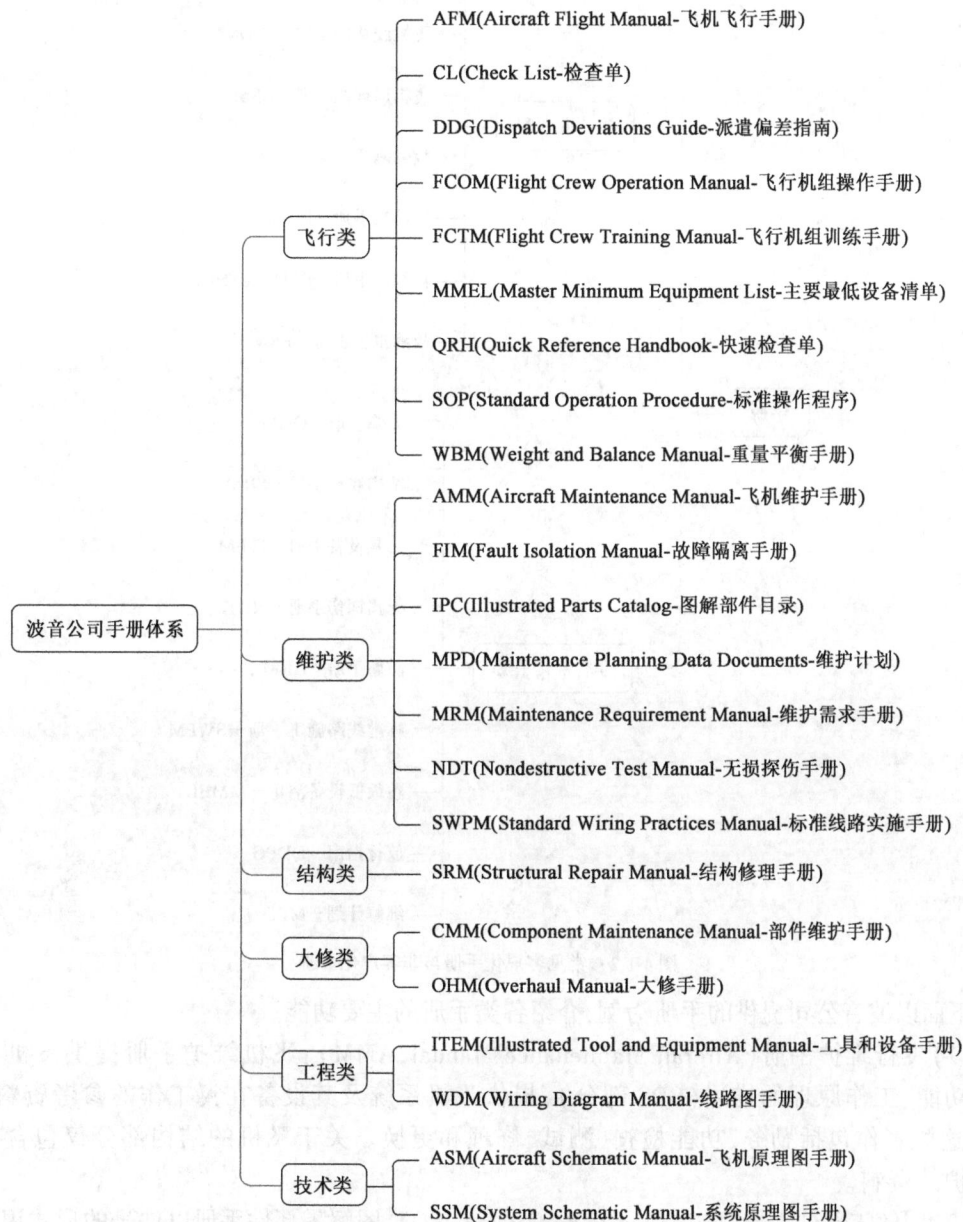

飞行类
- AFM(Aircraft Flight Manual-飞机飞行手册)
- CL(Check List-检查单)
- DDG(Dispatch Deviations Guide-派遣偏差指南)
- FCOM(Flight Crew Operation Manual-飞行机组操作手册)
- FCTM(Flight Crew Training Manual-飞行机组训练手册)
- MMEL(Master Minimum Equipment List-主要最低设备清单)
- QRH(Quick Reference Handbook-快速检查单)
- SOP(Standard Operation Procedure-标准操作程序)
- WBM(Weight and Balance Manual-重量平衡手册)

维护类
- AMM(Aircraft Maintenance Manual-飞机维护手册)
- FIM(Fault Isolation Manual-故障隔离手册)
- IPC(Illustrated Parts Catalog-图解部件目录)
- MPD(Maintenance Planning Data Documents-维护计划)
- MRM(Maintenance Requirement Manual-维护需求手册)
- NDT(Nondestructive Test Manual-无损探伤手册)
- SWPM(Standard Wiring Practices Manual-标准线路实施手册)

结构类
- SRM(Structural Repair Manual-结构修理手册)

大修类
- CMM(Component Maintenance Manual-部件维护手册)
- OHM(Overhaul Manual-大修手册)

工程类
- ITEM(Illustrated Tool and Equipment Manual-工具和设备手册)
- WDM(Wiring Diagram Manual-线路图手册)

技术类
- ASM(Aircraft Schematic Manual-飞机原理图手册)
- SSM(System Schematic Manual-系统原理图手册)

波音公司手册体系

图 4-1-1 波音公司手册体系

　　手册还可以根据适用对象是否是特定客户分为客户化手册和非客户化手册。客户化的手册就是针对特定的客户,为特定的飞机/发动机或者部件编制的手册,这一类手册有专门适用性。而非客户化手册不是针对特定的客户,而是针对于整个机型/发动机/部件而制定的手册,它的适用范围就是这个特定的飞机/发动机/部件型号。常见的客户化手册与非客户化手册如图 4-1-2 所示。

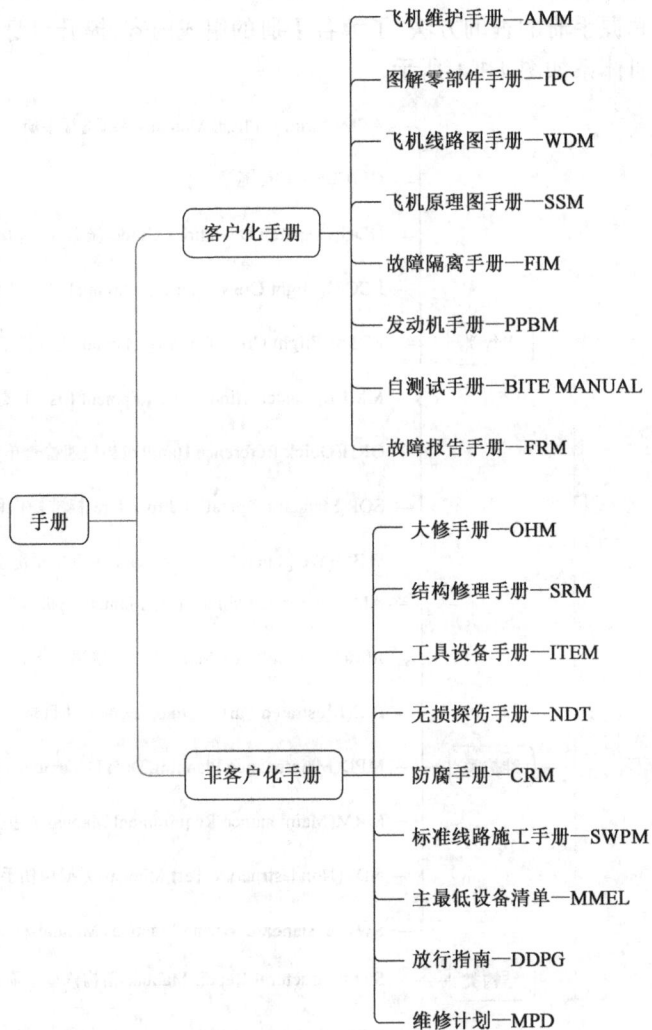

```
                           ┌── 飞机维护手册—AMM
                           ├── 图解零部件手册—IPC
                           ├── 飞机线路图手册—WDM
                           ├── 飞机原理图手册—SSM
              ┌── 客户化手册 ┤── 故障隔离手册—FIM
              │            ├── 发动机手册—PPBM
              │            ├── 自测试手册—BITE MANUAL
              │            └── 故障报告手册—FRM
     手册 ─────┤
              │            ┌── 大修手册—OHM
              │            ├── 结构修理手册—SRM
              │            ├── 工具设备手册—ITEM
              │            ├── 无损探伤手册—NDT
              └── 非客户化手册┤── 防腐手册—CRM
                           ├── 标准线路施工手册—SWPM
                           ├── 主最低设备清单—MMEL
                           ├── 放行指南—DDPG
                           └── 维修计划—MPD
```

图 4-1-2　常见客户化手册与非客户化手册

　　下面以波音公司提供的手册为例,介绍各类手册的主要功能。

　　(1)飞行维护手册(Aircraft Maintenance Manual,AMM):飞机维护手册提供飞机各个系统功能、工作原理的描述(SDS 部分);提供飞机系统及其设备在翼工作的参考资料(工卡),这些工作包括勤务、功能检查、测试,修理和更换。关于飞机的结构部分仅包含检查与维护的资料。

　　(2)图解零部件手册(Illustrated Parts Catalog,IPC):图解零部件手册以件号的形式识别每个零部件,提供图解和其它相关的信息,用于提供、申请、存储和发放航线可更换的飞机部件和元件,以及识别维护重要部件。

(3)故障隔离手册(Fault Isolation Manual,FIM):故障隔离手册提供了各类故障的信息及可能的原因、故障隔离的程序以及修复飞机上的各类故障的程序。

(4)线路图手册(Wiring Diagram Manual,WDM):线路图手册是一套图表、图纸和清单的集合,它提供了波音飞机上安装的相关设备的布线和连接信息,各系统线路"点对点"详细连接的图纸,还包括与布线有关的一些资料(各类清单)。

(5)标准线路施工手册(Standard Wiring Practices Manual,SWPM):标准线路施工手册提供了对所有波音飞机上导线和各类电气元件进行维护和修理的标准操作程序。系统原理图位于单独的系统原理图手册(SSM)中。标准布线实施(第20章)则在一个单独的标准线路施工手册中。

(6)系统原理图册(System Schematic Manual,SSM):系统原理图手册以图纸的形式描述飞机各个系统的工作原理。图纸只画出各系统或子系统的航线可更换件(LRU)之间的连接。SSM不包括用于测试的信息。

(7)结构修理手册(Structural Repair Manual,SRM):结构修理手册提供飞机的一般数据、常用程序和修理材料;还包括飞机结构的材料识别、允许损坏和修理数据。也给出了通常与结构修复(如飞机对称检查或支持飞机在跳汰位置)一起完成的程序。

(8)维修计划数据(Maintenance Planning Data,MPD):维修计划数据为每个运营商制定定制的定期维护计划提供必要的维护计划信息。文档列出了所有波音推荐的定期维护任务,并满足(部分)FAA要求制造商提供FAR 25.1529-附录H中规定的"持续适航说明"。

本文描述的定期维护任务可能包括但不限于以下来源:

·维修审查委员会(MRB)报告(FAA);
·服务通告(SB);
·服务信函(SL);
·试航指令(AD);
·认证维修要求(RMRs);
·结构试航限制(SAL);
·放行偏离指南。

放行偏离指南提供波音建议的放行飞机所需的最低设备要求和相应的程序。DDG文档仅包含参考资料。并不是针对特定飞机配置定制的。营运人必须决定此参考材料在其MEL中使用的适用性。

不同文件间的关系如图4-1-3所示。

二、ATA100章节划分

1. ATA100定义

ATA100是由美国航空运输协会(ATA)会同航空制造商和航空公司共同按规定编制的,用以统一各种民用航空器产品在设计、制造、使用、维修等各方面的资料、文件、电函、报告等技术资料的编号。

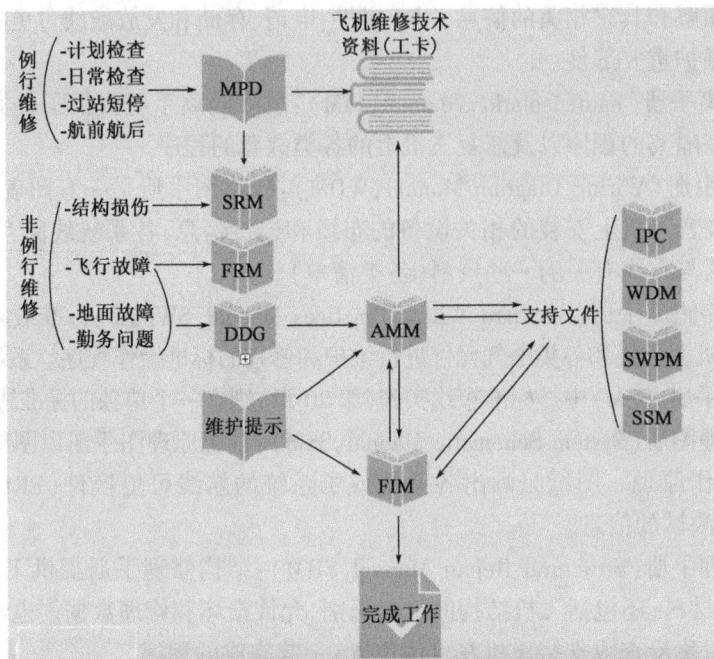

图 4-1-3　各文件之间关系图

　　根据 ATA100 的要求,可以把飞机大致分为"航空器"和"动力装置"两部分,"航空器"又可划分为总体、系统、结构三部分;而"动力装置"可划分为螺旋桨/旋翼和发动机两部分。

　　ATA100 是按照章节式进行编写的,每一章代表了飞机上的一个系统(图 4-1-4)。对每一分类所属各章的编号划分如下(表 4-1-1)。

　　5-12 章为"总体"(概述)类,介绍飞机基本维护程序的内容;

　　20-49 章为"系统"类,介绍飞机各系统的内容;

　　51-57 章为"结构"类,介绍有关飞机结构的内容;

　　60-69 章为"螺旋桨/旋翼"类,介绍有关螺旋桨的内容;

　　70-91 章为"动力装置"类,介绍有关动力装置的内容。

图 4-1-4　飞机结构按 ATA100 中原则的划分示例

ATA100 中各章节的内容 表 4-1-1

	总体（概述）	
5	时限/维护检查	TIMELIMITS/MAINTENANCE CHECKS
6	尺寸及区域划分	DIMENSIONS AND AREAS
7	顶起和支撑	LIFTING AND SHORING
8	校水平和称重	LEVELING AND WEIGHING
9	牵引和滑行	TOWING AND TAXIING
10	停放和系留	PARKING AND MOORING
11	标牌和标志	PLACARDS AND MARKINGS
12	勤务	SERVICING
	机身系统	
20	标准施工-机身结构	STANDARD PRACTICES
21	空调系统	AIR CONDITIONING
22	自动飞行	AUTOFLIGHT
23	通讯	COMMUNICATION
24	电源	ELECTRICAL POWER
25	机场设备/装饰	EQUIPMENT/FURNISHINGS
26	防火系统	FIRE PROTECTION
27	飞行操纵	FLIGHT CONTROLS
28	燃油	FUEL
29	液压动力	HYDRAULIC POWER
30	防冰和排雨	ICE AND RAIN PROTECTION
31	仪表	INDICATING/RECORDINGSYSTEMS
32	起落架	LANDING GEAR
33	灯光	LIGHTS
34	导航	NAVIGATION
35	氧气	OXYGEN
36	气源	PNEUMATIC
38	水/废水	WATER/WASTE
42	综合模块电子系统	INTEGRATED MODULAR AVIONICS
44	客舱系统	CABIN SYSTEMS
45	中央维修系统	CENTRAL MAINTENANCE SYSTEM
47	惰性气体系统	INERT GAS SYSTEM
49	机载辅助动力	AUXILIARY POWER UNIT
	飞机结构	
51	标准施工-结构	STRUCTURES
52	门	DOORS
53	机身	FUSELAGE

	飞机结构	
54	吊舱/吊架	NACELLES/PYLONS
55	安定面	STABILIZERS
56	窗户	WINDOWS
57	机翼	WINGS
	动力装置	
70	标准施工-发动机	STANDARD PRACTICES
71	动力装置系统	POWER PLANT
72	涡轮/涡轮螺旋桨发动机	ENGINE
73	发动机燃油和控制	ENGINE FUEL AND CONTROL
74	点火	IGNITION
75	空气	AIR
76	发动机操纵	ENGINE CONTROLS
77	发动机指示	ENGINE INDICATION
78	发动机排气	EXHAUST
79	发动机滑油	OIL
80	启动	STARTING

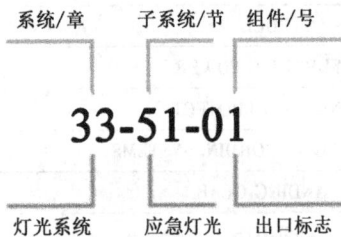

图 4-1-5 章节号组成含义

2. ATA100 编号

ATA100 规范的资料编号是由"系统（章）—子系统（节）—组件（号）"三组号码组成。若手册要对某一系统做总体介绍，那么就会在系统（章）后以"-00-00"的编号方式进行，例如"33-00-00"；若对某一子系统做总体介绍，那么则会在子系统（节）后面以"-00"的编号方式进行，例如"33-51-00"（图 4-1-5）。

系统/章：每一系统在手册中都单独成为一章，每一章都指定一个编号作为 ATA100 编号中的第一组号码。所谓"系统"是由互相有关的机件所组成的，可完成某种特定功能的集合，系统包括各种基础组件、仪表、机械操纵以及与该系统相关的各种电器和液压件等。

子系统/节：每一子系统拥有指定的编号作为 ATA100 编号中的第二组号码。所谓"子系统"是"系统"中的某一部分，每一个系统可以由几个子系统共同组成，每一个子系统又由几个分系统组成。

组件/号：也称子系统或分系统。组件/号的编号由制造厂家自行编排，成为 ATA 标准编号规范中的第三组号码。所谓"组件"是在组成"系统""子系统""分系统"并完成一定功能的组件，以及各个单独的线路、管路等。

 任务评估

（一）波音飞机维护手册信息收集

任务评价表

评价表编号：

姓名			学号		
班级			完成时间		
序号	评价项目	评分标准		得分	得分说明
1	手册数量	每收集一种手册信息得2分			
2	信息完整性	每种手册信息需包含以下5项内容： 手册名称及缩写； 主要内容与用途； 使用场景（如日常维护、故障排除、部件更换等）； 获取途径（如波音官网、航空公司资料库等）； 相关图片或截图			
3	分析深度	对故障原因、影响及维修建议的分析是否深入、合理			
4	图文并茂	报告中需包含至少5张相关图片或截图			
5	报告格式	报告结构是否完整，排版是否规范。 报告结构完整（封面、目录、正文、参考资料）； 排版规范（字体、字号、行距、段落格式）； 图文排版整齐（图片与文字搭配合理）			
6	语言表达	语言是否规范、流畅，是否存在语法错误或错别字			
7	参考资料	列出所有参考资料，并按标准格式标注。 参考资料数量充足（至少5份）：2分； 参考资料格式规范：3分			
8	提交失效	按时提交得5分，每延迟一天扣2分			

（二）飞机故障查找与分析

任务评价表

评价表编号：

姓名			学号		
班级			完成时间		
序号	评价项目	评分标准		得分	得分说明
1	AMM手册组成	手册基本结构描述（10分）：是否清晰说明章节划分、附录等内容。 各部分内容详细说明（20分）：是否全面描述前言、系统描述、维护程序等部分			

续上表

序号	评价项目	评分标准	得分	得分说明
2	使用方法	信息查找方法(10分):是否详细说明目录、索引的使用方法。 符号与术语解释(10分):是否清晰解释手册中的符号、缩写及术语。 使用技巧(10分):是否提供实用的使用技巧或注意事项		
3	实际应用案例	案例数量(5分):是否提供至少1个实际应用案例。 案例分析(15分):案例是否典型,分析是否深入、逻辑清晰		
4	图文并茂	图片数量(5分):是否包含至少3张相关图片或截图。 图片质量(5分):图片是否清晰、与内容相关		
5	报告格式	结构完整(2分):是否包含封面、目录、正文、参考资料。 排版规范(3分):字体、字号、行距是否符合要求		
6	语言表达	语言流畅(3分):语言是否规范、流畅。 无语法错误(2分):是否存在语法错误或错别字		
7	参考资料	数量充足(2分):是否引用至少3份参考资料。 格式规范(3分):是否按标准格式列出参考资料		

任务二　AMM 手册的查询与使用

学习任务

一、任务背景

在现代航空维修体系中,飞机维护手册(AMM)是执行维修工作的核心依据,其内容涵盖飞机系统原理、拆装程序、测试标准等技术规范。因 AMM 手册版本更新频繁、章节结构复杂,部分维修人员存在误读手册或遗漏关键步骤的现象。例如,2024 年某航司在更换 A320 起落架作动筒时,因未参照 AMM 最新修订版中的力矩值标准,导致部件安装不合格并引发返工。

本次任务重点聚焦手册章节编码规则(如 ATA21 章对应空调系统)、修订状态核对方法,以及警告/注意事项的识别逻辑。任务模拟真实维修场景,需结合纸质版与电子版手册交叉验证,确保技术标准与施工要求的一致性。并通过训练深入理解 AMM 手册与工卡的衔接逻辑,培养"技术依据溯源"的职业素养,规避因手册误用导致的维修差错风险。

二、学习目标

知识目标

(1)掌握 AMM 手册的章节编码规则。

(2)理解 AMM 手册中技术标准、施工警告的表述规范。

能力目标

(1)能够准确识别 ATA 章节划分原则及跨系统关联索引逻辑。

(2)能够通过纸质版手册目录索引与电子版关键词检索,快速定位 B737 飞机不同系统的维护程序,并验证技术文件有效性。

(3)具备将 AMM 手册中的理论参数转化为施工标准的能力,例如依据手册图示完成管路连接方向确认。

素质目标

(1)在维修操作中严格遵循 AMM 手册步骤执行,杜绝经验主义导致的步骤跳签。

(2)建立技术文件交叉核验意识,在工卡编制、施工自检等环节确保维修依据的完整性与时效性。

三、任务安排

AMM 手册组成与使用方法

内容	任务要求
	通过查阅资料,收集维修手册(AMM)的组成结构、内容特点及使用方法,为课堂学习做好准备。
任务要求	1.了解 AMM 手册组成: 　手册的基本结构(如章节划分、附录等); 　各部分的详细内容(如前言、系统描述、维护程序等); 2.认识 AMM 手册主要用途: 　手册可以使用在哪些方面(日常维护、故障排除、部件更换、技术参考等); 3.掌握 AMM 手册使用方法: 　如何快速查找所需信息(如目录、索引的使用); 　手册中的符号、缩写及术语解释; 　实际应用案例(如故障排除、部件更换等场景)
	4.成果形式: 　提交一份信息收集报告,内容包括: 　封面(任务名称、学生姓名、日期); 　AMM 手册组成与使用方法的详细说明(文字+图片/截图); 　实际应用案例分析; 　参考资料列表(按标准格式列出所有查阅的资料)
工具与资料	波音、空客等飞机制造商的官方文档; 航空公司维修资料库; 学术文献或行业报告; 相关书籍或在线资源

续上表

内容	任务要求
时间安排	第1天:明确任务要求,确定查找方向,开始查阅AMM手册相关信息
	第2-3天:收集AMM手册组成与使用方法的相关信息,初步整理成文档
	第4-5天:对检查结果进行分析,撰写报告
	第6-7天:补充图片、图表,完善报告格式,确保内容完整、排版规范,提交报告

知识链接

飞机维护手册(AMM)是外场维护用到频率很高的一本手册,是飞机工作人员的工作指南,从某种意义上讲,AMM手册就是所有针对航线可更换件LRU进行的维护步骤和程序的集合。AMM手册是由飞机制造厂商发布的,依据各种组件、系统、APU、发动机的供货商提供的数据和制造厂商的技术数据综合编写而成。AMM手册基本上都是严格按照ATA100格式进行编排的,所以,掌握ATA100的内容,对进行手册的查阅是非常重要的。本部分的内容将以AMM手册为例,介绍AMM手册的内容组成及使用方法。

一、手册组成内容介绍

1. 章节与内容

我们使用的各类手册的内容基本上都是按ATA100规范来划分的(图4-2-1),不同章节讲述不同的系统类容,不同的手册在同一个章节讲述的是同一个系统的内容。

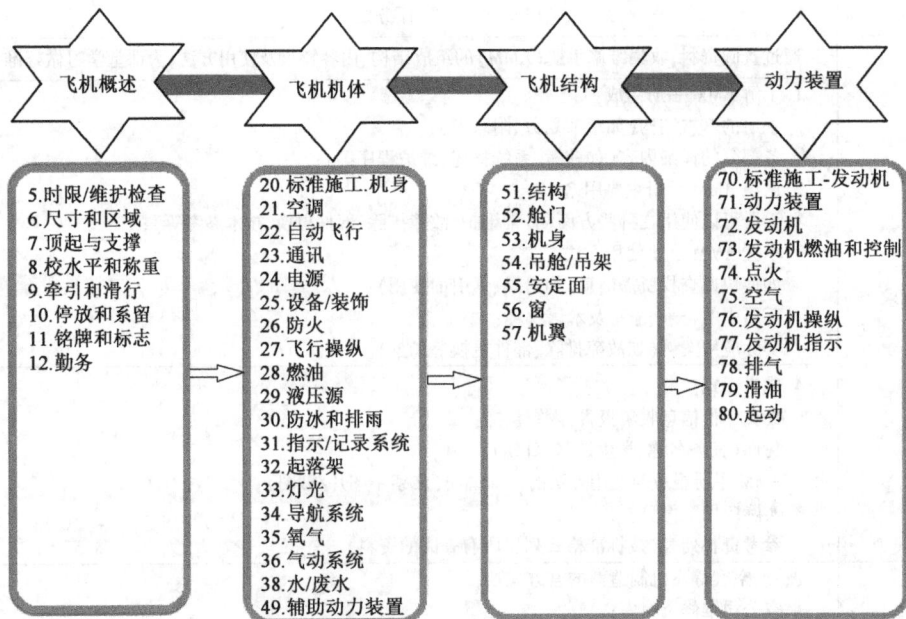

飞机概述 → 飞机机体 → 飞机结构 → 动力装置

飞机概述:
5.时限/维护检查
6.尺寸和区域
7.顶起与支撑
8.校水平和称重
9.牵引和滑行
10.停放和系留
11.铭牌和标志
12.勤务

飞机机体:
20.标准施工.机身
21.空调
22.自动飞行
23.通讯
24.电源
25.设备/装饰
26.防火
27.飞行操纵
28.燃油
29.液压源
30.防冰和排雨
31.指示/记录系统
32.起落架
33.灯光
34.导航系统
35.氧气
36.气动系统
38.水/废水
49.辅助动力装置

飞机结构:
51.结构
52.舱门
53.机身
54.吊舱/吊架
55.安定面
56.窗
57.机翼

动力装置:
70.标准施工-发动机
71.动力装置
72.发动机
73.发动机燃油和控制
74.点火
75.空气
76.发动机操纵
77.发动机指示
78.排气
79.滑油
80.起动

图4-2-1　ATA100章节划分

在每一章节范围内查询到唯一的一个项目或部件;实际工作中对一个项目或部件有不同的工作类型(如勤务,拆装,测试)。在同一个章节号下(项目或部件),用不同的"页块"来区分不同的工作类型内容。

2. 页块(pageblock)

页块用来划分同一个章节号下不同类型的内容,各页块的定义如图4-2-2。

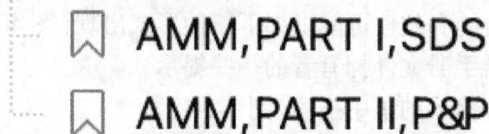

页块	内容	
001-099	功能与描述	(F/D)
101-199	部件位置	(LOC)
201-299	维护施工	(M/P)
301-399	勤务	(SVC)
401-499	拆卸与安装	(R/I)
501-599	调整与测试	(A/T)
601-699	校验与检查	(C/I)
701-799	清洁与喷漆	(C/P)
801-899	认可的修理	(A/R)
901-999	DDG维护程序	

图 4-2-2　页块内容

进入对应系统章节号,选择页块,找到适用的工作单卡号,就能查阅到对于的维修内容。

3. 内容组成

波音 AMM 手册由两部分组成,PART Ⅰ是系统描述(SDS),PART Ⅱ是对飞机系统及其设备在翼工作的参考资料(P&P),如图4-2-3所示。

AMM,PART I,SDS

AMM,PART II,P&P

图 4-2-3　AMM 手册内容组成

下面以 B737NG 第二部分(P&P)为例来查看手册的内容组成,手册主要由前言介绍部分(图4-2-4)和主体章节内容组成。

4. 前言(Front Matter)介绍

前言中的"Title"即标题页第一页。

适用性(Effective Aircraft):营运人所拥有的飞机号,手册的相关内容只对有效性列表中列出的飞机有效。有效性页注明了飞机的线号,注册号等信息,如图4-2-5所示。

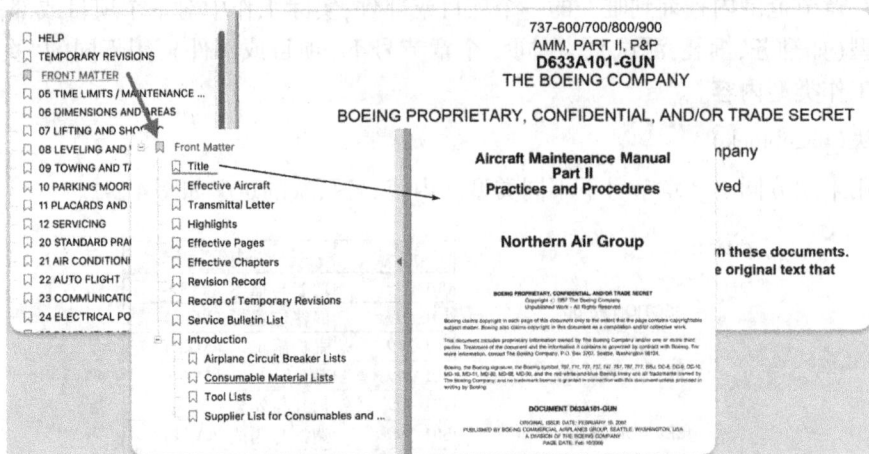

图 4-2-4 手册前言(FRONT MATTER)

Model-Series	Operator		Manufacturer			Registration Number
	Identification Code	Effectivity Code	Block Number	Serial Number	Line Number	
737-81B	GUN	001	YJ671	32921	1187	B-2693
737-81B	GUN	002	YJ672	32922	1199	B-2694
737-81B	GUN	003	YJ673	32923	1213	B-2695
737-81B	GUN	004	YJ674	32924	1230	B-2696
737-81B	GUN	005	YJ675	32925	1250	B-2697
737-81B	GUN	006	YJ676	32926	1268	B-5020
737-81B	GUN	007	YJ677	32927	1290	B-5021
737-81B	GUN	008	YJ678	32928	1323	B-5022
737-81B	GUN	009	YJ679	32929	1348	B-5040
737-81B	GUN	010	YJ680	32930	1355	B-5041
737-81B	GUN	011	YJ681	32931	1362	B-5042
737-81B	GUN	012	YJ682	32932	1395	B-5067
737-81B	GUN	013	YJ683	34250	1784	B-5113
737-81B	GUN	014	YJ684	34248	1806	B-5112
737-81B	GUN	015	YJ685	34252	1851	B05133
737-81B	GUN	016	YJ690	30697	1915	TBD
737-81B	GUN	017	YJ691	30699	1933	TBD

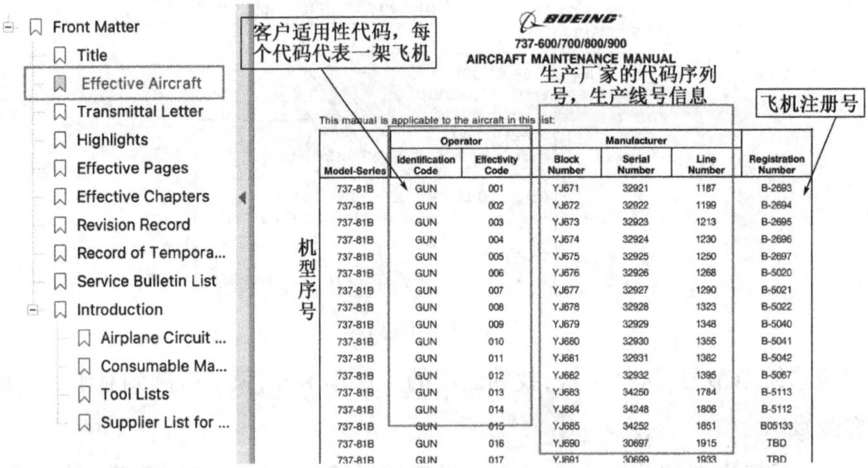

图 4-2-5 手册适用性内容组成

在手册每一页的左下角都会注明该页有效性，如果工作内容有差异性也会在工作步骤前注明有效性，每一页左下角的有效性可能以如下三种形式出现(图 4-2-6)。

Transmittal Letter：写给手册文件拥有者的一些提示。

Highlights：对手册内容修改的集中描述(图 4-2-7)。

前言部分与每个章节内都有有效页清单(图 4-2-8)和有效页章节，以便核查每页内容以及各章节的有效性。

改版记录表格以及临时改版记录表格用于记录相关改版数据(图 4-2-9)。

SB 服务通告清单(Service Bulletin List)：制造商发给客户的对应机型的 SB 清单，有即将执行以及已经执行过的 SB 清单(图 4-2-10)。

Introduction(图 4-2-11)：前言最后的对本手册内容与使用的介绍，并附有四张清单，供客户查询相关的资料，包括跳开关清单、消耗材料清单、工装清单、消耗材料与工装的供应商。

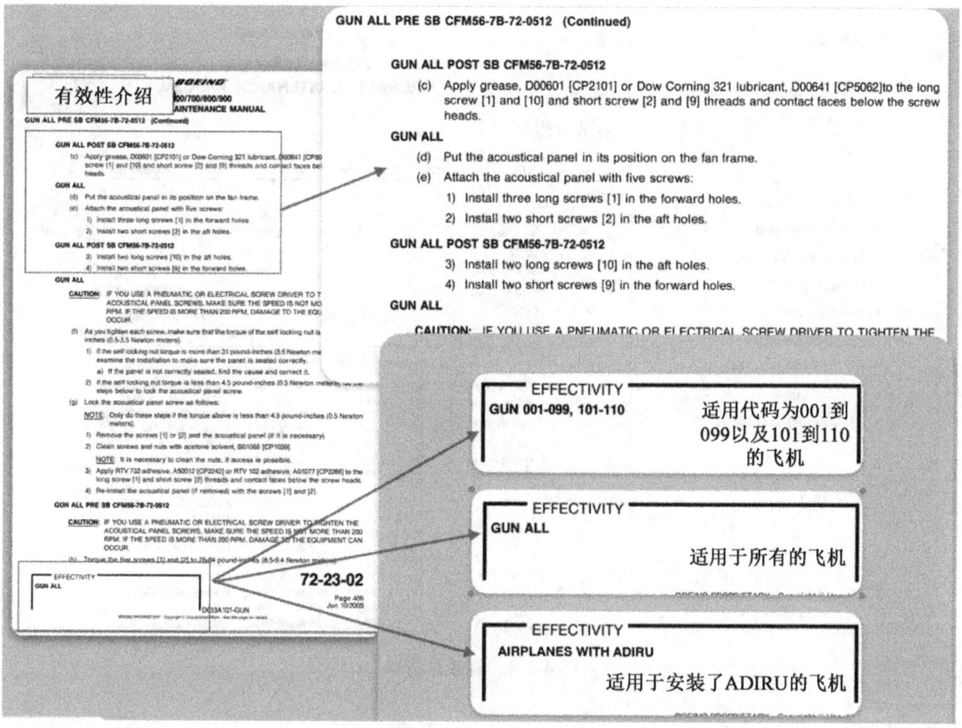

图 4-2-6　手册有效性介绍

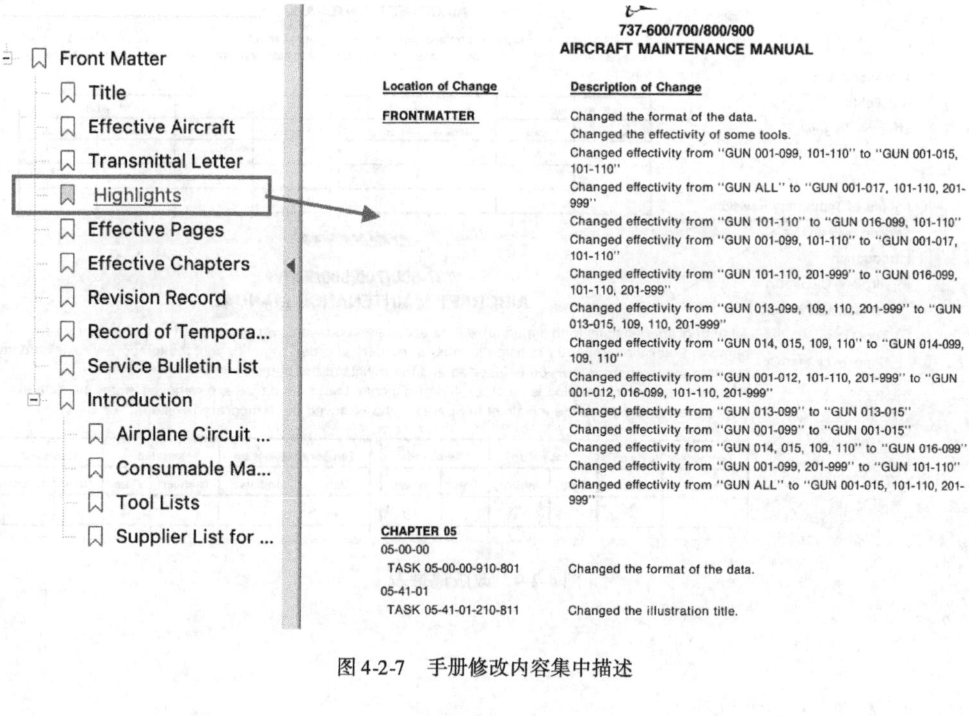

图 4-2-7　手册修改内容集中描述

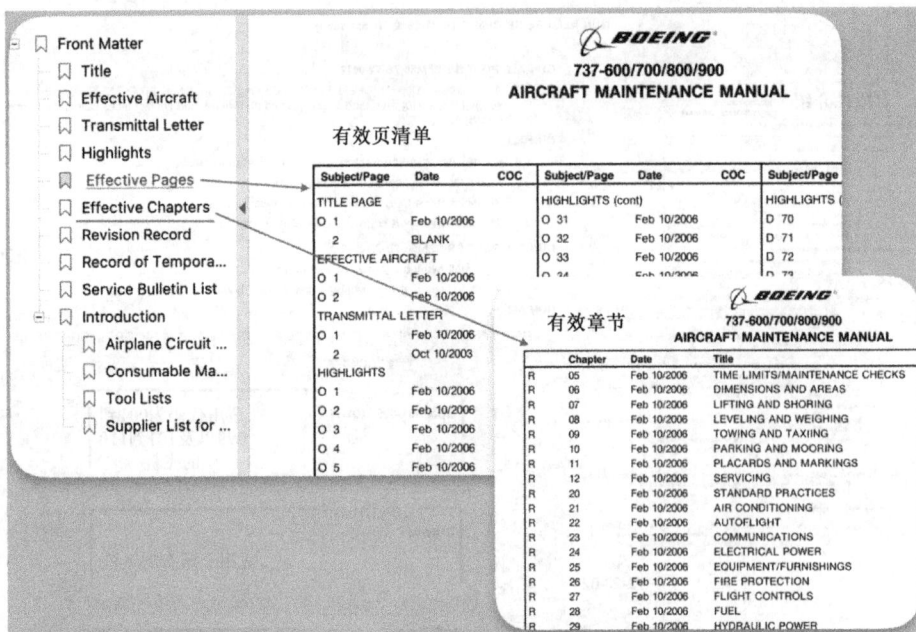

图 4-2-8　有效页清单

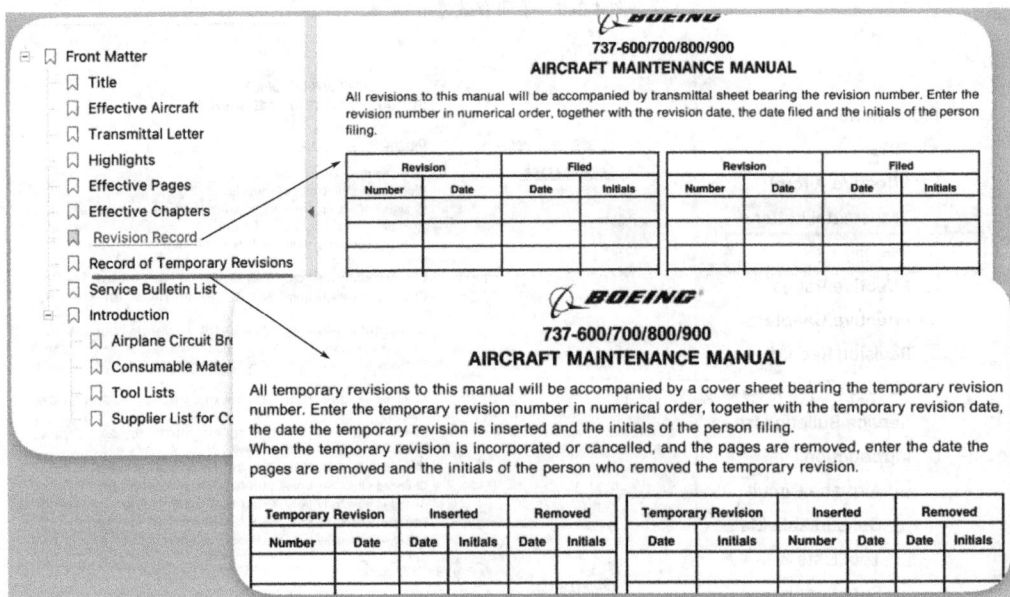

图 4-2-9　改版记录表

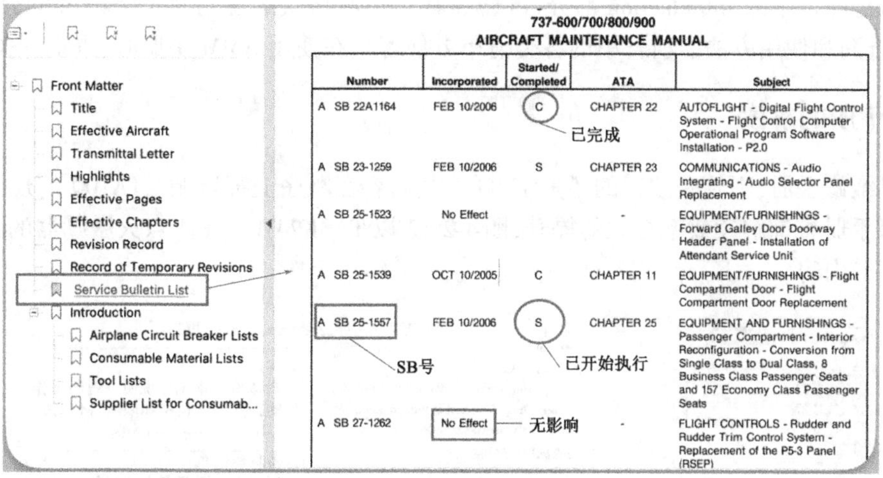

图 4-2-10　服务通告清单

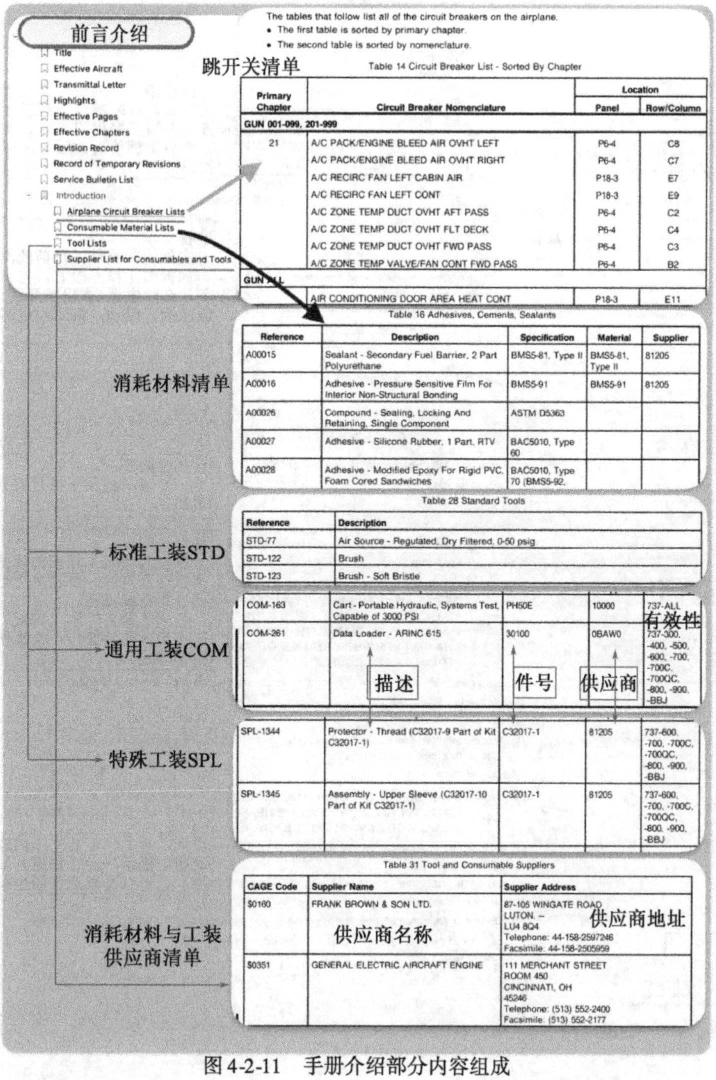

图 4-2-11　手册介绍部分内容组成

这就是前言中的 Introduction 部分,可通过其对手册格式的说明及工卡内容的介绍,学习 AMM 的查询和使用方法。前言中的各类清单方便客户在使用 AMM 手册时,查询相关资料。

二、手册的解读

飞机维修手册,不管是波音的还是空客的,其内容在顺序上都遵循 ATA100 的规律。了解之后会对手册查询解读效率有大的提升,图 4-2-12 以 TASK74-11-01-4 点火激励器的拆装为例来解读工卡内容。

IGNITION EXCITER - REMOVAL/INSTALLATION

1. **General**

A. This procedure has two tasks:
   (1) The removal of the ignition exciter
   (2) The installation of the ignition exciter

TASK 74-11-01-000-801-F00

概述:
对该份工作进行说明,说明工作目的,原因,使用和限制等信息。

2. **Ignition Exciter Removal**

(Figure 401)

A. General
   (1) The ignition exciters are found on the en
   (2) The top ignition exciter is connected to th connected to the left ignition lead.
   (3) This procedure can be used for the top or bottom ignition exciter.

参考材料清单:
列出所有需要参考的资料,以便在开始工作前方便查阅相关参考资料。

B. References

Reference	Title
71-11-02-010-801-F00	Open the Fan Cowl Panels (P/B 201)

C. Location Zones

Zone	Area
411	Engine 1 - Engine
421	Engine 2 - Engine

飞机区域位置:
执行该工作的位置和接近盖板相关信息。有区域位置和接近盖板2种方式并用三字代码识别。AMM 手册 06章有讲解接近改版和区域的三字代码。

D. Prepare for the Removal

SUBTASK 74-11-01-860-015-F00

(1) For engine 1, do this step:
   Open these circuit breakers and install safety tags:
   CAPT Electrical System Panel, P18-2

Row	Col	Number	Name
A	1	C00458	ENGINE 1 IGNITION RIGHT
A	3	C00153	ENGINE 1 IGNITION LEFT

准备工作:
实施该项具体工作前的准备工作。
如拆卸工作一般有:打开相应口盖,卸除电源(拔出跳开关)、气源、液压源,限动,解除预位等等。

GUN 201-999; AIRPLANES WITH AUTO-IGNITION
   (a) The AUTO position is off.

GUN ALL

有效性限制:
下一步只适用于满足该条件的飞机。

SUBTASK 74-11-01-010-003-F00

(5) Do this task: Open the Fan Cowl Panels, TASK 71-

SUBTASK 74-11-01-040-005-F00

WARNING: MAKE SURE THAT THE IGNITION EXCITERS OF FIVE MINUTES BEFORE YOU START WO IGNITION SYSTEM VOLTAGE IS DANGEROU ELECTRICAL CONTACTS. THE IGNITION EX CHARGE EVEN WHEN NOT ENERGIZED. IF Y PERSONS CAN OCCUR.

特别提醒:
维修人员必须仔细阅读并认真执行这些内容,否则将会对人员或设备造成危害。
分为"警告"和"警戒"。会伤害到人的为警告,会损伤机器的为警戒。

(6) Stop (wait) for a minimum of five minutes to release the high voltage from the ignition exciter.

E. Ignition Exciter Removal

SUBTASK 74-11-01-020-001-F00

(1) Disconnect the applicable power supply cable [4] from the electrical receptacle on the forward side of the ignition exciter [2].

SUBTASK 74-11-01-020-004-F00

CAUTION: MAKE SURE THAT YOUR HANDS AND TOOLS ARE CLEAN. DO NOT TOUCH THE IGNITION LEAD WITH DIRT OR GREASE ON HANDS OR TOOLS. DIRT AND GREASE WILL CAUSE DAMAGE TO THE IGNITION LEAD.

(2) Disconnect the applicable ignition lead [1] from the i ignition exciter [2].
   (a) Put protective covers on the ignition lead [1] an

提示:对上一步的工作内容进行说明,提示,让工作更方便更轻松,也可以是营运人的经验提示

SUBTASK 74-11-01-020-005-F00

(3) Do these steps to remove the applicable ignition exciter [2] from the engine fan case:
   (a) Hold each stud on the flats with an open-end wrench.

NOTE: The stud flats are between the resilient mount and the ignition exciter [2].

图　4-2-12

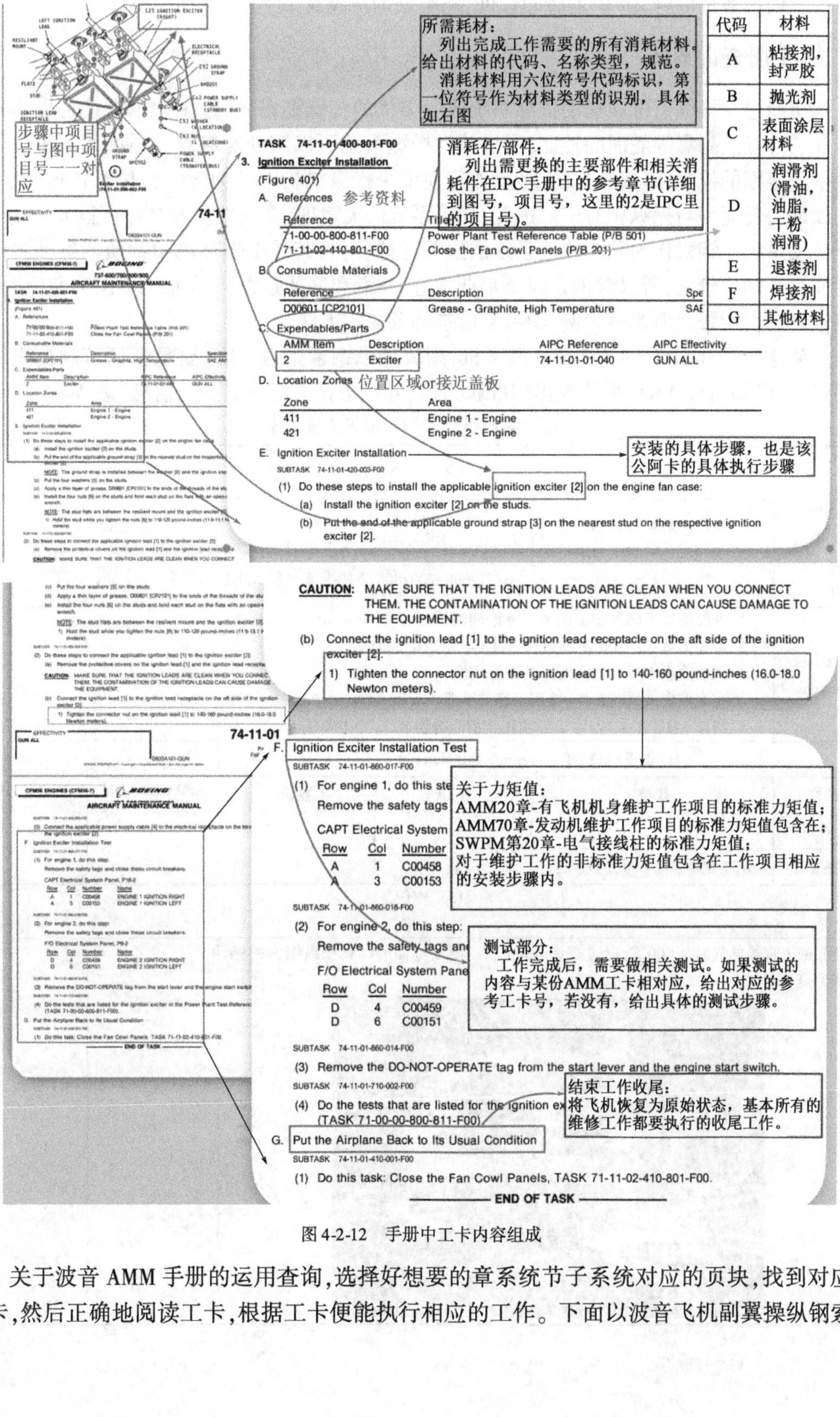

所需耗材：
列出完成工作需要的所有消耗材料。
给出材料的代码、名称类型，规范。
消耗材料用六位符号代码标识，第一位符号作为材料类型的识别，具体如右图

代码	材料
A	粘接剂，封严胶
B	抛光剂
C	表面涂层材料
D	润滑剂（滑油，油脂，干粉润滑）
E	退漆剂
F	焊接剂
G	其他材料

步骤中项目号与图中项目号一一对应

TASK　74-11-01-400-801-F00

3.　Ignition Exciter Installation

(Figure 401)

A.　References　参考资料

消耗件/部件：
列出需更换的主要部件和相关消耗件在IPC手册中的参考章节(详细到图号，项目号，这里的2是IPC里的项目号)。

Reference	
71-00-00-800-811-F00	Power Plant Test Reference Table (P/B 501)
71-11-02-410-801-F00	Close the Fan Cowl Panels (P/B 201)

B.　Consumable Materials

Reference	Description	Spe
D00601 [CP2101]	Grease - Graphite, High Temperature	SAE

C.　Expendables/Parts

AMM Item	Description	AIPC Reference	AIPC Effectivity
2	Exciter	74-11-01-01-040	GUN ALL

D.　Location Zones　位置区域or接近盖板

Zone	Area
411	Engine 1 - Engine
421	Engine 2 - Engine

E.　Ignition Exciter Installation

安装的具体步骤，也是该公阿卡的具体执行步骤

SUBTASK　74-11-01-420-003-F00

(1)　Do these steps to install the applicable ignition exciter [2] on the engine fan case:

　　(a)　Install the ignition exciter [2] on the studs.

　　(b)　Put the end of the applicable ground strap [3] on the nearest stud on the respective ignition exciter [2].

CAUTION:　MAKE SURE THAT THE IGNITION LEADS ARE CLEAN WHEN YOU CONNECT THEM. THE CONTAMINATION OF THE IGNITION LEADS CAN CAUSE DAMAGE TO THE EQUIPMENT.

　　(b)　Connect the ignition lead [1] to the ignition lead receptacle on the aft side of the ignition exciter [2].

　　　　1)　Tighten the connector nut on the ignition lead [1] to 140-160 pound-inches (16.0-18.0 Newton meters).

F.　Ignition Exciter Installation Test

关于力矩值：
AMM20章-有飞机机身维护工作项目的标准力矩值；
AMM70章-发动机维护工作项目的标准力矩值包含在；
SWPM第20章-电气接线柱的标准力矩值；
对于维护工作的非标准力矩值包含在工作项目相应的安装步骤内。

SUBTASK　74-11-01-860-017-F00

(1)　For engine 1, do this ste
　　Remove the safety tags

　　CAPT Electrical System

Row	Col	Number
A	1	C00458
A	3	C00153

SUBTASK　74-11-01-860-018-F00

(2)　For engine 2, do this step:

　　Remove the safety tags an

　　F/O Electrical System Pane

Row	Col	Number
D	4	C00459
D	6	C00151

测试部分：
工作完成后，需要做相关测试。如果测试的内容与某份AMM工卡相对应，给出对应的参考工卡号，若没有，给出具体的测试步骤。

SUBTASK　74-11-01-860-014-F00

(3)　Remove the DO-NOT-OPERATE tag from the start lever and the engine start switch.

SUBTASK　74-11-01-710-002-F00

(4)　Do the tests that are listed for the ignition ex
　　(TASK 71-00-00-800-811-F00)

结束工作收尾：
将飞机恢复为原始状态，基本所有的维修工作都要执行的收尾工作。

G.　Put the Airplane Back to Its Usual Condition

SUBTASK　74-11-01-410-001-F00

(1)　Do this task: Close the Fan Cowl Panels, TASK 71-11-02-410-801-F00.

──────── END OF TASK ────────

图 4-2-12　手册中工卡内容组成

　　关于波音 AMM 手册的运用查询,选择好想要的章系统节子系统对应的页块,找到对应的工卡,然后正确地阅读工卡,根据工卡便能执行相应的工作。下面以波音飞机副翼操纵钢索张

力值的查询为案例讲解 AMM 手册的查询,熟悉查询步骤及工卡内容组成。

三、手册查询案例

　　飞机通过主操纵系统和辅助操纵系统改变飞机的三维姿态,通过主操纵系统可以实现对升降舵、方向舵、副翼等舵面的控制,通过辅助操纵系统可以实现对缝翼、襟翼、扰流板以及可调水平安定面的控制,将驾驶员的手、脚作用在中央操纵机构上的力、速度、位移传递到舵面,使舵面的偏转速率与操纵相对应。因此,操纵系统的灵敏度、准确性及安全性在很大程度上取决于传动系统。钢索作为软式传动系统的主要元件,因为其受工作环境中物质的腐蚀和外界温度变化影响比较大,所以对钢索需要定期检查、润滑和调节张力。下面将以 B737NG 飞机副翼钢索副翼钢索张力值调整为例,学习手册查询及使用方法。

　　一架注册号 B-2159 的 737-800 型飞机,副翼操纵钢索张力下降,要重新调节副翼操纵钢索的张力,需要通过 AMM 手册查出标准张力值,并记录相关的章节页码信息(表4-2-1)。

飞机副翼操纵钢索的标准张力值工卡　　　　　　　　　　表 4-2-1

工卡标题 Title	副翼操纵钢索的标准张力值			
机型 A/C Type	B737-600/700/800	飞机注册号 REG. NO.		B-2159
参考文件 Ref.	B737-600/700/800 飞机维修手册 AMM			
注意事项 Cautions	1. 课前按要求熟悉相关的专业英语词汇; 2. 课前了解 ATA100 规范,熟悉 ATA 各章对应的内容; 3. 课前熟悉不同页码段对应的维修内容; 4. 查询核实飞机有效性,选用正确的手册; 5. 阅读 AMM 工卡时,注意核实正文的有效性			
工具/设备/材料 Tool/Equipment/Material				工作者 MECHANIC
名称	规格	单位	数量	
计算机		台	1	
手册	B737-600/700/800 手册大全	套	1	

1. 工作任务
TASK

已知施工现场的气温是 100 ℉,通过查询 AMM 获得图中标注的副翼操纵钢索的标准张力值

续上表

2. 工作准备 PREPARATION	工作者 MECHANIC	检查者 INSPECTOR
1）准备好计算机及软件 　（1）能流畅运行办公软件的计算机 1 台； 　（2）计算机安装有英语翻译软件及 PDF 阅读器软件		
2）计算机备有本次任务相关的 B737-600/700/800 手册		

3. 工作步骤
PROCEDURE

1）核实 B-2159 飞机有效性

打开 AMM 手册中名为 FM（Front Matter）的文件，在目录中点击 Effective Aircraft。

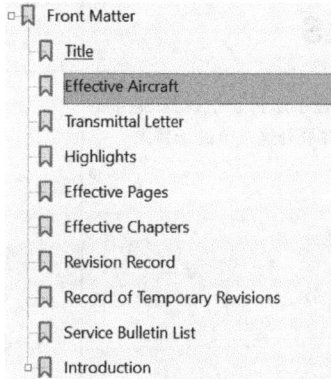

- Front Matter
  - Title
  - Effective Aircraft
  - Transmittal Letter
  - Highlights
  - Effective Pages
  - Effective Chapters
  - Revision Record
  - Record of Temporary Revisions
  - Service Bulletin List
- Introduction

在正文内容中注意查看注册号"Registration Number"一列。确定该手册适用于 B-2159 飞机，同时记下飞机的客户有效性代码为 004

This manual is applicable to the aircraft in this list:

Model-Series	Operator		Manufacturer			Registration Number
	Identification Code	Effectivity Code	Block Number	Serial Number	Line Number	
737-84P	HNA	001	YC971	29947	345	B-2647
737-84P	HNA	002	YC972	30474	607	B-2651
737-84P	HNA	003	YC973	30475	731	B-2652
737-84P	HNA	004	YC974	32599	972	B-2159
737-84P	HNA	005	YC975	32600	1015	B-2157
737-84P	HNA	006	YC976	32601	1033	B-2158
737-84P	HNA	007	YC977	32602	1170	B-2676
737-84P	HNA	008	YC978	32604	1391	B-2677
737-84P	HNA	009	YK701	32603	1766	B-5135

确认找到注册号B-2159的B737-800飞机

EFFECTIVE AIRCRAFT

Page 1
Oct 10/2007

D633A101-HNA

BOEING PROPRIETARY - Copyright © Unpublished Work - See title page for details

在后续步骤查阅 AMM 工卡时通过页面下方核实每页正文的有效性，"HNA ALL"代表本页对 HNA（海航）所有该型号飞机适用

G. Aileron Transfer Cables ACBA and ACBB Adjustment

SUBTASK 27-11-00-890-052

　(1) Make sure the captain's and the first officer's control wheels are in the neutral position:

EFFECTIVITY
HNA ALL

27-11-00

Page 502
Oct 10/2006

D633A101-HNA

BOEING PROPRIETARY - Copyright © Unpublished Work - See title page for details

续上表

3. 工作步骤 PROCEDURE	工作者 MECHANIC	检查者 INSPECTOR
2）副翼操纵钢索的内容归属于飞行操纵系统，根据 ATA 规范，应查找 AMM 手册的 27 章 FLIGHT CONTROLS # CHAPTER # 27 # FLIGHT CONTROLS		
3）副翼操纵钢索是副翼和副翼配平操纵系统的部件，应在手册目录中找到 Section 27-11-AILERON AND AILERON TRIM CONTROL SYSTEM，并展开这一节的子目录 Chapter 27 - FLIGHT CONTROLS 27-Effective Pages 27-Contents Section 27-00 - FLIGHT CONTROLS Section 27-09 - FLIGHT CONTROLS Section 27-11 - AILERON AND AILERON TRIM CONTROL SYSTEM Subject 27-11-00 - AILERON AND AILERON TRIM CONTROL SYSTEM Subject 27-11-11 - AILERON Subject 27-11-14 - AILERON POWER CONTROL UNIT LINKAGE		
4）钢索调节是对整个副翼操纵系统通用的内容，应在本章节开头部分即 27-11-00 查找调整程序。展开 Subject 27-11-00 AILERON AND AILERON TRIM CONTROL SYSTEM 子目录，找到副翼调节/测试程序 Pageblock 27-11-00-5-AILERON-ADJUSTMENT/TEST Section 27-11 - AILERON AND AILERON TRIM CONTROL SYSTEM Subject 27-11-00 - AILERON AND AILERON TRIM CONTROL SYSTEM Pageblock 27-11-00-2 - AILERON AND AILERON TRIM CONTROL SYSTEM - MAINTENANCE PRACTICES Pageblock 27-11-00-5 - AILERON ADJUSTMENT/TEST Pageblock 27-11-00-6 - AILERON AND AILERON TRIM CONTROL SYSTEM - INSPECTION/CHECK Subject 27-11-11 - AILERON Subject 27-11-14 - AILERON POWER CONTROL UNIT LINKAGE		

续上表

3. 工作步骤 PROCEDURE	工作者 MECHANIC	检查者 INSPECTOR
5) 找到副翼钢索调节工卡。通过 General 发现第 1 项任务就是"An adjustment of the aileron cables"(副翼钢索调节),应快速翻到第 1 项任务		
6) 副翼操纵钢索数量不止 1 根,各钢索的调整要求有差异,应先通过工卡的图示查出本次待查询钢索的代号		

AILERON - ADJUSTMENT/TEST

1. **General**

A. This procedure has these tasks:

  (1) An adjustment of the aileron cables

  (2) An adjustment of the pogo and power control unit

  (3) An adjustment of the aileron balance tab

  (4) An adjustment of the aileron feel and centering unit

  (5) A check of the aileron system adjustment

  (6) A test of the aileron surface friction and motion

  (7) A test of the first officer's control wheel lost motion

  (8) A test of the manual reversion control friction

  (9) A test of the aileron response (operation)

  (10) A test of the control wheel centering check

  (11) A test of the aileron control wheel force

  (12) A test of the aileron trim response

  (13) An operational test of the aileron spring cartridge and transfer mechanism

  (14) A functional test of the aileron transfer mechanism

  (15) A test of the control wheel travel stop

  (16) A test of the control wheel travel interference

  (17) A test of the aileron balance tab position

  (18) A test of the aileron travel

  (19) A functional test of the aileron power control unit (PCU) pogos

  (20) A flight test to find and correct asymmetrical flight control forces

找到第 1 项任务工卡 TASK 27-11-00-820-801 Aileron Cables Adjustment

TASK 27-11-00-820-801

2. **Aileron Cables Adjustment**

A. General

  (1) Before you do cable adjustment, permit a minimum of one hour at a constant ambient temperature of ±5°F (±2.8°C) for the airframe temperature to become stable.

   (a) The cable tension values will not be correct when there are temperature differences along the cable run.

B. References

Reference	Title
27-11-00-860-801	Remove Pressure from the Aileron Hydraulic Systems A and B (P/B 201)
27-11-00-860-802	Put the Aileron Hydraulic Systems A and B Back to the Condition Before Pressure Removal (P/B 201)
29-11-00-860-801	Hydraulic System A or B Pressurization (P/B 201)
29-11-00-860-805	Hydraulic System A or B Power Removal (P/B 201)
32-00-01-480-801	Landing Gear Downlock Pins Installation (P/B 201)

通过图示 501 查到钢索代号是 ABSB

续上表

3. 工作步骤 PROCEDURE	工作者 MECHANIC	检查者 INSPECTOR
7) 查到钢索的代号是 ABSB 后,查阅调整程序 I. Aileron Wing Cables ABSA and ABSB Adjustment。 I. Aileron Wing Cables ABSA and ABSB Adjustment 　SUBTASK 27-11-00-820-016 　(1)　Make sure the pogos and power control unit is correctly adjusted before you do the wing cables adjustment. To do it, do this task: Pogo and Power Control Unit (PCU) Adjustment, TASK 27-11-00-820-802. 　SUBTASK 27-11-00-480-007 　(2)　Install the rig pin A/S-4, from the rig pin kit, SPL-1585, in the aileron bus drum. 　SUBTASK 27-11-00-820-005 　(3)　If you install new cables ABSA and ABSB, do these steps to adjust the cables (Figure 502): 　　(a)　Tighten the turnbuckles on the cables to get the tension two times the specified rigging load for cables ABSA and ABSB (Table 501). 　(3)　If you install new cables ABSA and ABSB, do these steps to adjust the cables (Figure 502): 　　(a)　Tighten the turnbuckles on the cables to get the tension two times the specified rigging load for cables ABSA and ABSB (Table 501). 　　(b)　Remove the rig pin A/S-4. 　　(c)　Operate the captain's control wheel for 20 times. 　　　1)　Do not turn the control wheel more than 100 degrees from the neutral position. 　　(d)　Reduce the tension in the cables to get the specified cable rigging load for cables ABSA and ABSB (Table 501). 　　(e)　Operate the captain's control wheel two to three times. 　　(f)　Put the captain's control wheel back to the neutral position. 　　　1)　Move the control wheel quickly back and forth about neutral to make sure it is in the center position. 　SUBTASK 27-11-00-820-006 　(4)　If the cables ABSA and ABSB are not new, do these steps to adjust cables ABSA and ABSB: 　　(a)　Tighten the turnbuckles until you get the specified cable rigging load for cables ABSA and ABSB (Table 501). 　　(b)　Remove the rig pin A/S-4. 　　(c)　Operate the captain's control wheel two to three times. 　　(d)　Put the captain's control wheel back to the neutral position. 　　　1)　Move the control wheel quickly back and forth about neutral to make sure it is in the center position. 　　如果是新钢索安装后的调整,应按照 3) 的步骤进行调整;如果不是新钢索,应按照 4) 的步骤进行调整,张力值应查 Table 501		
8) 找到 Table 501,根据现场的气温华氏温度(括号内为摄氏温度)查出张力值。飞机施工现场的气温是 100℉,ABSB 钢索的张力值应调整为 243-253 磅 Table 501/27-11-00-993-809 Aileron Cable Rigging Load （见下表）		
4. 结束工作 CLOSE OUT		
1) 记录查询结果; 2) 关闭所有手册页面和软件; 3) 在不使用本工卡的情况下,重复一次查询过程; 4) 清扫现场		

Table 501/27-11-00-993-809 Aileron Cable Rigging Load

Temperature Fahrenheit (Celsius)	Cable Rigging Load pounds (newtons)					
	AA & AB		ABSA & ABSB		ACBA & ACBB	
	High	Low	High	Low	High	Low
110 (43.3)	143 (636)	133 (592)	263 (1170)	253 (1125)	108 (480)	78 (347)
109 (42.8)	143 (636)	133 (592)	262 (1165)	252 (1121)	108 (480)	78 (347)
108 (42.2)	142 (632)	132 (587)	261 (1161)	251 (1117)	107 (476)	77 (343)
107 (41.6)	142 (632)	132 (587)	260 (1157)	250 (1112)	107 (476)	77 (343)
106 (41.1)	141 (627)	131 (583)	259 (1152)	249 (1108)	106 (472)	76 (338)
105 (40.6)	141 (627)	131 (583)	258 (1148)	248 (1103)	106 (472)	76 (338)
104 (40.0)	140 (623)	130 (578)	257 (1143)	247 (1099)	105 (467)	75 (334)
103 (39.4)	140 (623)	130 (578)	256 (1139)	246 (1094)	105 (467)	75 (334)
102 (38.9)	139 (618)	129 (574)	255 (1134)	245 (1090)	104 (463)	74 (329)
101 (38.3)	139 (618)	129 (574)	254 (1130)	244 (1085)	104 (463)	74 (329)
100 (37.8)	139 (618)	129 (574)	253 (1125)	243 (1081)	104 (463)	74 (329)
99 (37.2)	138 (614)	128 (569)	252 (1121)	242 (1076)	103 (458)	73 (325)
98 (36.7)	138 (614)	128 (569)	250 (1112)	240 (1068)	103 (458)	73 (325)

-----------------------END OF TASK ---------------------------

任务评价表

评价表编号：

姓名			学号		
班级			完成时间		
序号	评价项目	评分标准		得分	得分说明
1	AMM 手册组成结构理解	能够准确描述 AMM 手册的组成部分，包括 part1 和 part2 的内容及其作用		10	
2	ATA100 规范掌握情况	能够解释 ATA100 规范在 AMM 手册编排中的作用，并能根据 ATA100 快速定位手册章节		10	
3	手册适用性核实能力	能够正确查找并理解手册中的适用性（EFFECTIVE AIRCRAFT）部分，确认手册对特定飞机的适用性		10	
4	工卡查询与解读能力	能够根据系统章节和页块，快速找到并准确解读工卡内容，包括工具/设备/材料需求、工作步骤等		20	
5	手册使用注意事项遵循情况	在使用手册过程中，能够遵循注意事项，如核实每页正文的有效性、使用前查询飞机的有效性代码等		10	
6	信息查询与记录能力	能够通过手册查询特定维修信息，并准确记录查询结果，包括章节页码、关键数据等		15	
7	工作准备与结束流程执行	在工作准备阶段，能够按照手册要求准备必要的工具、材料；工作结束后，能够按照要求完成清理和记录工作		15	
8	综合应用能力	能够将 AMM 手册的知识应用于实际维修工作中，解决具体问题，确保维修工作的准确性和合规性		10	

任务三　手册应用案例

一、任务背景

前面的学习已介绍了 AMM 手册的查询步骤。然而，飞机维修从来都不是纸上谈兵，理论知识的扎实掌握仅仅是迈向成功的第一步,更为关键的是如何将这些知识巧妙地运用到实际的维修工作中。

接下来将以实际案例为载体,逐步揭开从手册中精准获取维修信息的神秘面纱。在处理这些案例时,大家需要严格遵循此前所学的 AMM 手册查询方法,精准定位相关信息,并一丝不苟地按照工卡要求来完成各项任务。每一个步骤、每一项操作,都关乎飞机的安全性能与飞行的平稳顺畅。这不仅是对所学知识的一次深度检验,更是提升实际维修技能的绝佳契机。

二、学习目标

知识目标

(1)学习并理解如何在实际维修工作中运用 AMM 手册进行信息查询。

(2)掌握皮托管清洁、风挡防水涂层维护实施以及机组氧气系统泄漏测试等常见维修任务的基本步骤。

能力目标

(1)能通过手册目录索引、关键词检索或分解图定位,快速查询放电刷件号、卡箍力矩值、润滑程序等具体信息,并核验文件有效性。

(2)能够将手册理论转化为施工操作,包括参数转化和规范执行(如密封圈安装方向确认、工具校准状态核验)。

素质目标

(1)强化严格遵循 AMM 步骤执行的意识,杜绝跳签或经验主义操作。

(2)建立技术文件动态管理意识,主动核查手册/工卡版本更新,确保施工依据与最新修订要求同步。

三、任务安排

波音 737 飞机"皮托管的清洁"工卡编写

阶段	任务内容	时间节点	要求
任务理解	学习波音 737 AMM 手册中皮托管清洁标准程序(AMM 34-11-00),明确工卡编写规范及安全要求	第 1 天	提交学习笔记,标注关键步骤(如清洁剂选用、防静电措施)与手册章节对应关系
工卡框架设计	根据 AMM 手册及航空公司工卡模板,设计工卡框架(含标题、工具清单、风险提示等)	第 2 天	提交工卡框架草稿,需包含:任务编号、适用机型、工具/耗材列表、安全警告模块

续上表

阶段	任务内容	时间节点	要求
内容编写	编写详细操作步骤,整合清洁程序(如清洁剂喷涂、软毛刷操作)、测试要求(如渗漏检查)	第3-4天	提交工卡初稿,要求步骤逻辑清晰、参数量化(如清洁剂用量、干燥时间)
互审与修订	组内交叉审核工卡内容,重点检查AMM标准符合性、操作可行性及安全措施完整性	第5天	提交修订版工卡,附修订说明(如修改的步骤、新增的风险提示)
终稿提交	按公司规范格式化工卡(如字体、编号、签名栏),整合所有修订内容	第6天	提交终版工卡(PDF格式),附AMM手册引用截图及工具清单实物图

知识链接

下面的学习会展示三个不同的手册查询及施工案例,在案例执行中大家可以分享自己在完成任务过程中的难点、解决问题的思路,也可以对其他方法提出疑问和建议。这样的交流有益于更全面地理解飞机维修工作的要点,进一步提升分析问题和解决问题的能力。这不仅有助于更好地掌握当下的知识,更能为未来应对各种复杂的飞机维修场景做好充分准备。

案例一:波音飞机放电刷更换件号查询

在飞机机翼、水平安定面、垂尾的后缘、翼尖都分别装有静电放电刷。飞机静电放电刷(简称放电刷,static discharger),顾名思义是释放飞机表面静电的设备。飞机高速飞行与空气摩擦会产生静电,一般为正电荷,通常电荷均匀分布在机身表面,但大气层也是一个电磁场,由于电磁场的作用,这些电荷会集中到飞机外表较尖、较薄的边缘区域,如果不及时释放静电会造成静电积聚,电荷积累到一定能量时会产生放电现象,从而对飞机通讯甚至飞行安全造成影响。放电刷就是利用尖端放电的原理,将电荷集中于机体外侧的尖端,使其不断与空气发生小的放电过程,从而减少机身电荷累积,减少静电对无线电通信系统的干扰,保证通信质量。放电刷末端是一个碳化纤维头,碳化纤维头通过带有一定电阻的细杆固定在金属基座上,金属基座固定在飞机表面上。静电放电刷看起来与楼顶上的避雷针很像,常常被人误解。放电刷不能防止飞机遭到雷击或减小雷击造成的损伤,闪电经常击中放电刷,因为其伸出飞机表面并且安装在易遭受雷击的区域。雷击的电流达上万安培,如果击中放电刷,能造成严重损坏。

在这个案例中,将要针对波音飞机的翼尖放电刷件号查询工作进行分析讨论。对应工卡如表4-3-1所示。

波音飞机翼尖放电刷件号查询工卡　　　　表 4-3-1

工卡标题 Title	波音飞机翼尖放电刷件号查询		
机型 A/C Type	B737-600/700/800	飞机注册号 REG. NO.	B-2677
参考文件 Ref.	B737-600/700/800 飞机维修手册 AMM		
注意事项 Cautions	1. 课前按要求熟悉相关的专业英语词汇； 2. 课前了解 ATA100 规范，熟悉 ATA 各章对应的内容； 3. 查询核实飞机有效性，选用正确的手册； 4. 课前熟悉不同页码段对应的维修内容		

编写 Edited By		审核 Examined By		批准 Approved By	
日期 Date		日期 Date		日期 Date	

工具/设备/材料 Tool/Equipment/Material				工作者 MECHANIC	检查者 INSPECTOR
名称	规格	单位	数量		
计算机		台	1		
手册	B737-600/700/800 手册	套	1		

1. 工作任务 TASK

通过查询 IPC 获得翼尖放电刷的件号		

2. 工作准备 PREPARATION

1) 准备好计算机及软件 　(1) 能流畅运行办公软件的计算机 1 台； 　(2) 计算机安装有英语翻译软件及 PDF 阅读器软件		
2) 计算机备有本次任务相关的 B737-600/700/800 手册		

3. 工作步骤 PROCEDURE

1) 查找核实 B-4026 飞机有效性 打开 AMM 手册中名为 FM(Front Matter) 的文件，在目录中点击 Effective Aircraft。		

737-86D	SHA	003	YJ871	33471	1192	B-2668
737-76D	SHA	004	YB631	33470	1334	B-4025
737-76D	SHA	005	YB632	33472	1343	B-4026
737-86D	SHA	006	YJ872	35767	2316	B-5315
737-86D	SHA	007	YJ873	35768	2362	B-5316

在正文内容中注意查看注册号 Registration Number 一列。

确定该手册适用于 B-4026 飞机，同时记下 B-4026 飞机的客户有效性代码为 005。

在后续步骤查阅 AMM 工卡时通过页面下方核实每页正文的有效性，"HNA ALL"代表本页对 HNA(海南航空) 所有该型号飞机适用

3. 工作步骤 PROCEDURE	工作者 MECHANIC	检查者 INSPECTOR
确定放电刷在23章通信系统,通过放电刷(Static Discharger)作为关键词找到目标章节23-61 		
2)找到放电刷安装和拆卸的章节号 		

3. 工作步骤 PROCEDURE	工作者 MECHANIC	检查者 INSPECTOR
3）在 IPC 手册中找到 23-61，并在附图中找到翼尖放电刷的图号		

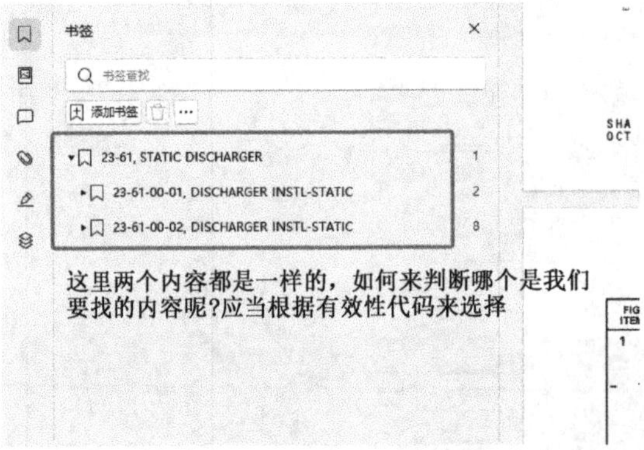

这里两个内容都是一样的，如何来判断哪个是我们要找的内容呢?应当根据有效性代码来选择

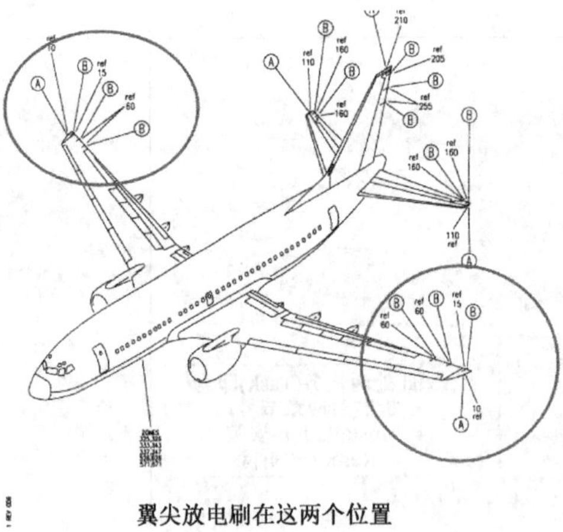

翼尖放电刷在这两个位置

3. 工作步骤 PROCEDURE	工作者 MECHANIC	检查者 INSPECTOR
找到章节号及件号。 		
4. 结束工作 CLOSE OUT		
1）记录查询结果； 2）关闭所有手册页面和软件； 3）在不使用本工卡的情况下，重复一次查询过程以巩固学习效果； 4）清扫现场		

--------------------------END OF TASK--------------------------

案例二:B 系统回油滤卡箍的拧紧力矩值查询

本案例以 B 系统回油滤卡箍的拧紧力矩值在手册中的查询为例进行实操演练,如表 4-3-2 所示。

B 系统回油滤卡箍的拧紧力矩值工卡 　　　　　　　表 4-3-2

工卡标题 Title	B 系统回油滤卡箍的拧紧力矩值				
机型 A/C Type	B737-600/700/800		飞机注册号 REG. NO.		B-2677
参考文件 Ref.	B737-600/700/800 飞机维修手册 AMM				
注意事项 Cautions	1. 课前按要求熟悉相关的专业英语词汇; 2. 课前了解 ATA100 规范,熟悉 ATA 各章对应的内容; 3. 查询核实飞机有效性,选用正确的手册; 4. 课前熟悉不同页码段对应的维修内容				
工具/设备/材料 Tool/Equipment/Material				工作者 MECHANIC	检查者 INSPECTOR
名称	规格	单位	数量		
计算机		台	1		
手册	B737-600/700/800 手册	套	1		

1. 工作任务
TASK

通过查询 AMM 获得 B 系统回油滤卡箍的螺母拧紧力矩值 		
2. 工作准备 PREPARATION		
1) 准备好计算机及软件 　(1) 能流畅运行办公软件的计算机 1 台; 　(2) 计算机安装有英语翻译软件及 PDF 阅读器软件		
2) 计算机备有本次任务相关的 B737-600/700/800 手册		

续上表

3.工作步骤 PROCEDURE	工作者 MECHANIC	检查者 INSPECTOR
1）查找核实 B-2677 飞机有效性 打开 AMM 手册中名为 FM（Front Matter）的文件，在目录中点击 Effective Aircraft。		

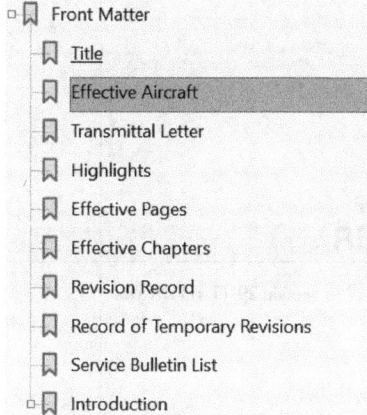

  □ 🔖 Front Matter
  　　🔖 Title
  　　🔖 Effective Aircraft
  　　🔖 Transmittal Letter
  　　🔖 Highlights
  　　🔖 Effective Pages
  　　🔖 Effective Chapters
  　　🔖 Revision Record
  　　🔖 Record of Temporary Revisions
  　　🔖 Service Bulletin List
  □ 🔖 Introduction

在正文内容中注意查看注册号 Registration Number 一列。

This manual is applicable to the aircraft in this list:

Model-Series	Operator		Manufacturer			Registration Number
	Identification Code	Effectivity Code	Block Number	Serial Number	Line Number	
737-84P	HNA	001	YC971	29947	345	B-2647
737-84P	HNA	002	YC972	30474	607	B-2651
737-84P	HNA	003	YC973	30475	731	B-2652
737-84P	HNA	004	YC974	32599	972	B-2159
737-84P	HNA	005	YC975	32600	1015	B-2157
737-84P	HNA	006	YC976	32601	1033	B-2158
737-84P	HNA	007	YC977	32602	1170	B-2676
737-84P	HNA	008	YC978	32604	1191	B-2677
737-84P	HNA	009	YK701	32603	1766	B-5135

EFFECTIVE AIRCRAFT

Page 1
Oct 10/2007

D633A101-HNA

BOEING PROPRIETARY - Copyright ©Unpublished Work - See title page for details

确定该手册适用于 B-2677 飞机，同时记下 B-2677 飞机的客户有效性代码为 008。

在后续步骤查阅 AMM 工卡时通过页面下方核实每页正文的有效性，"HNA ALL"代表本页对 HNA（海南航空）所有该型号飞机适用

D. Procedure

SUBTASK 29-11-61-640-001

(1) Apply fluid, D00153 to the new packing [14] and to new packing [16].

SUBTASK 29-11-61-420-003

(2) Install the new packing [14] and new packing [16] on the head of the filter bowl [11].

SUBTASK 29-11-61-420-004

(3) Put the filter element [15] in the filter bowl [11].

SUBTASK 29-11-61-420-005

(4) Install the filter bowl [11] in the filter head.

SUBTASK 29-11-61-420-006

(5) Install the clamp [9] around the filter bowl [11] and the filter head.

NOTE: For system A return filter module only, position the clamp so that the opening of the clamp is inboard and the nut is accessible, providing maximum clearance from the system A electric motor-driven pump (EMDP) pressure hose.

SUBTASK 29-11-61-420-007

(6) Install the nut [10] on the clamp [9].

SUBTASK 29-11-61-420-008

(7) Tighten the nut [10] on the clamp [9] to 120-144 pound-inches (13.55-16.26 Newton meters) (for filter assembly from Aircraft Porus Media manufacturer) or 60-70 pound-inches (6.77-7.9 Newton meters) (for filter assembly from Purolator manufacturer).

EFFECTIVITY

HNA ALL

29-11-61

Page 406
Oct 10/2007

D633A101-HNA

BOEING PROPRIETARY - Copyright ©Unpublished Work - See title page for details

3. 工作步骤 PROCEDURE	工作者 MECHANIC	检查者 INSPECTOR
2)B 系统回油滤卡箍的内容归属于液压系统,根据 ATA 规范,应查找 AMM 手册的第 29 章 HYDRAULIC POWER <div align="center">**CHAPTER** **29** **HYDRAULIC POWER**</div>		
3)B 系统回油滤卡箍是 B 系统的部件,应在手册目录中找到 Section 29-11 HYDRAU-LIC SYSTEMS A AND B,并展开这一章节的子目录 ▫🔖 Chapter 29 - HYDRAULIC POWER 　🔖 29-Effective Pages 　🔖 29-Contents ▫🔖 Section 29-00 - HYDRAULIC POWER ▫🔖 Section 29-09 - HYDRAULIC RESERVOIR PRESSURIZATION SYSTEM ▫🔖 Section 29-11 - HYDRAULIC SYSTEMS A AND B 　▫🔖 Subject 29-11-00 - HYDRAULIC SYSTEMS A AND B 　▫🔖 Subject 29-11-01 - HYDRAULIC RESERVOIR PRESSURIZATION SYSTEM 　▫🔖 Subject 29-11-02 - HYDRAULIC RESERVOIR PRESSURIZATION MODULE 　▫🔖 Subject 29-11-03 - HYDRAULIC RESERVOIR PRESSURIZATION MODULE		
4)在 Section 29-11 HYDRAULIC SYSTEMS A AND B 的子目录中找到 A 系统和 B 系统回油滤组件 Subject 29-11-61 HYDRAULIC SYSTEMS A AND B RETURN FILTER MODULE AND COMPONENTS 　▫🔖 Subject 29-11-31 - HYDRAULIC SYSTEMS A AND B RESERVOIRS 　▫🔖 Subject 29-11-41 - SYSTEMS A AND B ELECTRIC MOTOR DRIVEN PUMP (EMDP) CASE DRAIN FILTER MODULE AND COMPONENTS 　▫🔖 Subject 29-11-51 - ENGINE DRIVEN PUMP (EDP) CASE DRAIN FILTER MODULE AND COMPONENTS 　▫🔖 Subject 29-11-61 - HYDRAULIC SYSTEMS A AND B RETURN FILTER MODULE AND COMPONENTS 　　▫🔖 Pageblock 29-11-61-4 - HYDRAULIC SYSTEMS A AND B RETURN FILTER MODULE AND COMPONENTS - REMOVAL/INSTALLATION 　　▫🔖 Pageblock 29-11-61-6 - HYDRAULIC SYSTEMS A AND B RETURN FILTER MODULE - INSPECTION/CHECK		

3. 工作步骤 PROCEDURE	工作者 MECHANIC	检查者 INSPECTOR
5）B 系统回油滤卡箍的拧紧力矩值应在安装程序查找。根据页码段（或称页块）的划分规则，拆卸/安装工卡在 401-499 页码段。在 Subject 29-11-61 下的子目录找到拆卸/安装工卡 Pageblock 29-11-61-4-HYDRAULIC SYSTEMS A AND B RETURN FILTER MODULE AND COMPONENTS-REMOVAL/INSTALLATION。29-11-61-4 的最后一位数 4 代表页码段 401-499 　　Subject 29-11-61 - HYDRAULIC SYSTEMS A AND B RETURN FILTER MODULE AND COMPONENTS 　　Pageblock 29-11-61-4 - HYDRAULIC SYSTEMS A AND B RETURN FILTER MODULE AND COMPONENTS - REMOVAL/INSTALLATION 　　Pageblock 29-11-61-6 - HYDRAULIC SYSTEMS A AND B RETURN FILTER MODULE - INSPECTION/CHECK 　　Subject 29-11-71 - HYDRAULIC SYSTEMS A AND B PRESSURE MODULE AND COMPONENTS 　　Subject 29-11-81 - ENGINE DRIVEN PUMP (EDP) SUPPLY SHUTOFF VALVE		
6）阅读 AMM 工卡，找出需要的信息。 由于部件的拆卸不需要设定扳手力矩，B 系统回油滤卡箍的拧紧力矩值应出现在滤芯安装的程序中。通过 1. General 发现第 2 项任务是 "An installation of the return filter element"（滤芯的安装），应快速翻到第 2 项任务 **BOEING** **737-600/700/800/900** **AIRCRAFT MAINTENANCE MANUAL** HYDRAULIC SYSTEMS A AND B RETURN FILTER MODULE AND COMPONENTS - REMOVAL/INSTALLATION 1. General 　A. This procedure contains these tasks: 　　(1) A removal of the return filter element. 　　(2) An installation of the return filter element. 　　(3) A removal of the return filter module. 　　(4) An installation of the return filter module. 　B. In this procedure, the return filter module is referred to as the "filter module" and the return filter element is referred to as the "filter element". 　TASK 29-11-61-000-801 2. Return Filter Element Removal 　(Figure 401) 　A. References		

3. 工作步骤 PROCEDURE	工作者 MECHANIC	检查者 INSPECTOR
7）找到第 2 项任务工卡 TASK 29-11-61-400-801 Return Filter Element Installation，应注意到安装图示在 Figure 401 TASK　29-11-61-400-801 4.　Return Filter Element Installation 　　(Figure 401) 　A.　References 　　Reference　　　　　　Title 　　12-12-00-610-801　　Hydraulic Reservoir Servicing (P/B 301) 　　24-22-00-860-811　　Supply Electrical Power (P/B 201) 　　29-09-00-860-801　　Hydraulic Reservoirs Pressurization (P/B 201) 　　29-11-00-860-801　　Hydraulic System A or B Pressurization (P/B 201) 　　29-11-01-860-801　　Hydraulic Reservoirs Pressurization (P/B 201)		
8）找到安装图示 Figure 401，查出项目号： 卡箍 [9] CLAMP； 螺母 [10] NUT 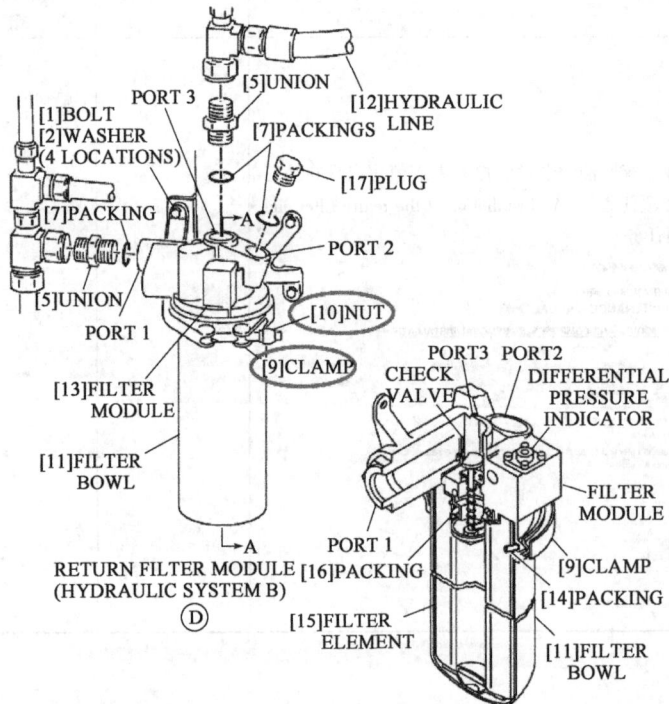		

续上表

3. 工作步骤 PROCEDURE	工作者 MECHANIC	检查者 INSPECTOR
9）根据项目号（卡箍[9]CLAMP、螺母[10]NUT）在安装程序的第（7）步找到拧紧力矩值。油滤组件生产商有两家，其卡箍螺母拧紧力矩值有区别。 D. Procedure SUBTASK 29-11-61-640-001 (1) Apply fluid, D00153 to the new packing [14] and to new packing [16]. SUBTASK 29-11-61-420-003 (2) Install the new packing [14] and new packing [16] on the head of the filter bowl [11]. SUBTASK 29-11-61-420-004 (3) Put the filter element [15] in the filter bowl [11]. SUBTASK 29-11-61-420-005 (4) Install the filter bowl [11] in the filter head. SUBTASK 29-11-61-420-006 (5) Install the clamp [9] around the filter bowl [11] and the filter head. 　NOTE: For system A return filter module only, position the clamp so that the opening of the clamp is inboard and the nut is accessible, providing maximum clearance from the system A electric motor-driven pump (EMDP) pressure hose. SUBTASK 29-11-61-420-007 (6) Install the nut [10] on the clamp [9]. SUBTASK 29-11-61-420-008 (7) Tighten the nut [10] on the clamp [9] to 120-144 pound-inches (13.55-16.26 Newton meters) (for filter assembly from Aircraft Porus Media manufacturer) or 60-70 pound-inches (6.77-7.9 Newton meters) (for filter assembly from Purolator manufacturer). Aircraft Porus Media 生产的油滤，其卡箍螺母拧紧力矩为 120-144 磅寸；Purolator 生产的油滤，其卡箍螺母拧紧力矩为 60-70 磅寸。 应查明飞机上油滤的生产商（最直接的办法是看油滤组件上的铭牌），然后确定拧紧力矩值		
4. 结束工作 CLOSE OUT		
1）记录查询结果； 2）关闭所有手册页面和软件； 3）在不使用本工卡的情况下，重复一次查询过程以巩固学习效果； 4）清扫现场		

------------------------END OF TASK------------------------

案例三：C919 润滑主起落架减震支柱组件润滑

随着 C919 加入各大航空公司的飞行大家庭中，C919 大飞机维修工卡的编写和查询也显得非常重要。C919 作为我国自主研发的大型客机，承载着无数航空人的梦想与心血，是我国航空工业崛起的重要标志，代表着中国航空人独立自主、勇于创新的精神。在学习和未来的工作中，也应秉持着这样的精神，刻苦钻研维修技术，为保障我国自主研发飞机的安全运行贡献自己的力量。

通过学习波音飞机维修手册查询和工卡编写，进而拓展到 C919 维修工卡的编写，这不仅有助于更全面地理解飞机维修工作的要点，进一步提升分析问题和解决问题的能力，更能为未来应对各种复杂的飞机维修场景做好充分准备，成长为有担当、有使命感的航空专业人才。接下来,将以 C919 主起落架减震支柱组件润滑为例,展示其工卡编写和手册查询中与波音飞机的异同(表 4-3-3)。

C919 润滑主起落架减震支柱组件润滑工卡　　　　　　　　　　表 4-3-3

工卡标题 Title	C919 润滑主起落架减震支柱组件润滑		
机型 A/C Type	C919	飞机注册号 REG. NO.	
参考文件 Ref.	C919 飞机维修手册 AMM		

1. 工作任务 TASK		工作者 MECHANIC	检查者 INSPECTOR
LUBRICATION OF MAIN LANDING GEAR SHOCK STRUT ASSEMBLY 润滑主起落架减震支柱组件 计划信息/Planning Information A. 参考资料/References			

Reference 参考	Title 标题
MPP C919-A-29-10-00-01A-562A-A	No. 1 hydraulic system(Task selection)-Depressurize hydraulics 1 号液压系统(任务选定)-液压系统卸压
MPP C919-A-29-10-00-02A-562A-A	No. 2 hydraulic system(Task selection)-Depressurize hydraulics 2 号液压系统(任务选定)-液压系统卸压
MPP C919-A-29-10-00-03A-562E-A	No. 3 hydraulic system-Depressurize hydraulics for ground maintenance 3 号液压系统-地面维护液压系统卸压
MPP C919-A-32-00-00-01A-720A-A	Landing gear safety pin-down locking-Installation 起落架安全销-下锁销-安装
MPP C919-A-52-81-10-00A-540A-A	Nose landing gear forward door-Open for access procedure 前起落架前舱门-打开以执行接近程序
MPP C919-A-52-82-01-00A-540A-A	Main landing gear inner door-Open for access procedure 主起落架内侧舱门-打开以执行接近程序
MPP C919-A-52-82-01-00A-740A-A	Main landing gear inner door-Close after access procedure 主起落架内侧舱门-接近后关闭程序

2. 工作准备 PREPARATION		工作者 MECHANIC	检查者 INSPECTOR

B. 工具设备/Tool Equipment

Reference 参考	Description 描述	QTY 数量	STAECO Ref	Remark
MS17984C833	Safety Pin-Down Locking, Main Landing Gear 主起落架下锁安全销	2		
6323C02-A	Safety Pin-Locking, Nose Landing Gear Door 前起落架舱门锁定安全销	2		
No Specific	Gun-Grease 注油枪	AR		
No Specific	Grease Filling Accessory Toolkit 润滑脂加注工具包	AR		
No Specific	Platform-Maintenance, 2 m 2 米维护平台	AR		
6323C01-A (Opt:6275A2700-01)	Safety Sleeve-Locking, Main Landing Gear Door 主起落架舱门锁定安全套筒(Opt:Maintenance Shelf)	2		
No Specific	Wheel Chock-Parking, Aircraft 轮挡(飞机停放用)	6		

C. 消耗品/Consumable Material

Reference	Description	Specification	Remark
04-003A	General grease 通用润滑脂	AeroShell Grease 33 or Mobilgrease 27 or Mobilgrease 33 or RIPP® Grease 7260 壳牌润滑脂	
11-007	Ethyl alcohol 乙醇	Commercial 通用	
11-033(Opt:11-011A)	Acetone(Opt:Isopropyl alcohol) 丙酮(可选异丙醇)	GB/T 6026、GB/T 686、ASTM D 329 (HG/T 2892ASTM D770GB/T 7814TT-I-735 Grade A or B)	
18-003	Lint-Free Cotton Cloth 无尘棉布		

3. 工作步骤 PROCEDURE	工作者 MECHANIC	检查者 INSPECTOR
A. Common Information 通用信息 （1）This data module gives the procedure to lubricate the main landing gear. 此工卡执行润滑主起落架的程序。 （2）This procedure is a scheduled maintenance task. Refer to the MPD task：32-11-00-04-01. 此过程是计划的维护任务。参考 MPD 任务：32-11-00-04-01。 WARNING：PUT THE SAFETY DEVICES AND WARNING NOTICES IN POSITION BEFORE YOU START A TASK ON OR NEAR： 　-THE FLIGHT CONTROLS 　-THE FLIGHT CONTROL SURFACES 　-THE LANDING GEAR 　-THE LANDING GEAR DOORS 　-THE THRUST REVERSERS OR ANY COMPONENT THAT MOVES. OTHERWISE，INJURY TO PERSONNEL OR DAMAGE TO EQUIPMENT CAN OCCUR. 警告：在下列部件或其附近开始工作前，放置安全装置和警告牌： 　-飞行控制器； 　-飞行控制器舵面； 　-起落架； 　-起落架舱门； 　-反推或任何可移动部件。 　否则可能导致人员受伤或设备损坏。 WARNING：MAKE SURE ALL LANDING GEARS GROUND LOCK PINS ARE INSTALLED. MISSING GROUND LOCK PINS MAY RESULT IN LANDING GEAR RETRACTION AND CAUSE INJURY TO PERSONNEL AND DAMAGE TO EQUIPMENT. 　警告：确保所有起落架地面锁销均已安装，缺少地面锁销可能会导致起落架收回并导致人员受伤和设备损坏。 WARNING：MAKE SURE PERSONNEL AND EQUIPMENT ARE CLEAR OF THE AILERONS, FLAPS, SLATS, ELEVATORS, RUDDER, SPOILERS AND HORIZONTAL STABILIZER. CONTROL SURFACES CAN MOVE QUICKLY. INJURY TO PERSONNEL AND DAMAGE TO EQUIPMENT CAN OCCUR. 　警告：确保副翼、襟翼、缝翼、升降舵、方向舵，扰流板和水平安定面没有人员或设备。控制面可能快速移动。可能出现人员伤害和设备损坏。 CAUTION：DO NOT STEP ON THE PIPES OR WIRINGS OR BRACKETS IN ZONE(S) 153/154 TO PREVENT THEM FROM DAMAGE. 　注意：不要踩踏153/154区的管道、电线或支架，以防损坏		

续上表

3. 工作步骤 PROCEDURE	工作者 MECHANIC	检查者 INSPECTOR
B. Job Set-Up 工作准备 （1）Safety Precautions 　　安全注意事项 　　（a）Put the safety barriers in position. 　　放置安全屏障。 　　（b）Make sure the Wheel Chock-Parking, Aircraft are in position. 　　确保轮挡放置到位。 　　（c）Make sure the Landing gear safety pin-down locking are installed in all landing gears. Refer to Landing gear safety pin-down locking-Installation, MPP C919-A-32-00-00-01A-720A-A. 　　确保所有起落架上都安装了安全销向下锁定装置，参考 MPP C919-A-32-00-00-01A-720A-A。 　　（d）Make sure that the landing gear lever is in the EXTEND position. 　　确保起落架操纵杆处于"EXTEND"位置。 　　（e）Put a WARNING NOTICE in the cockpit to tell personnel not to operate the landing gear. 　　在驾驶舱放置警告牌，告诉工作者不要操作起落架。 　　（f）Place a WARNING NOTICE in the hydraulic system control board and the hydraulic system maintenance board to prohibit hydraulic system pressurization. 　　在液压系统控制板和液压系统维护板上放置警告牌，禁止液压系统加压。 （2）Hydraulic System 　　液压系统 　　（a）Make sure the No. 1 hydraulic system is depressurized. Refer to No. 1 hydraulic system（Task selection）-Depressurize hydraulics, MPP C919-A-29-10-00-01A-562A-A. 　　确保 1 号液压系统释压，参考 MPP C919-A-29-10-00-01A-562A-A。 　　（b）Make sure the No. 2 hydraulic system is depressurized. Refer to No. 2 hydraulic system（Task selection）- Depressurize hydraulics, MPP C919-A-29-10-00-02A-562A-A. 　　确保 2 号液压系统释压，参考 MPP C919-A-29-10-00-02A-562A-A。 　　（c）Make sure the No. 3 hydraulic system is depressurized. Refer to No. 3 hydraulic system-Depressurize hydraulics for ground maintenance, MPP C919-A-29-10-00-03A-562E-A. 　　确保 3 号液压系统释压，参考 MPP C919-A-29-10-00-03A-562A-A。 （3）Place a WARNING NOTICE in the hydraulic system control board and the hydraulic system maintenance board to prohibit hydraulic system pressurization. 在液压系统控制板和液压系统维护板上放置警告牌，禁止液压系统加压。 （4）Get Access 　　接近 　　Open the Left main landing gear inner door 731 and Right main landing gear inner door 741 . Refer to Nose landing gear forward door-Open for access procedure, MPP C919-A-52-81-10-00A-540A-A. 　　打开左主起落架内门 731 和右主起落架内门 741，参考 MPP C919-A-52-81-10-00A-540A-A。		

3. 工作步骤 PROCEDURE	工作者 MECHANIC	检查者 INSPECTOR
(5) Make sure Safety Pin-Locking, Nose Landing Gear Door (6323C02-A) are installed on each nose landing gear forward door . 确保前起落架门安全销(6323C02-A)安装在每个前起落架前门上。 (6) Make sure Safety Sleeve-Locking, Main Landing Gear Door (6323C01-A) or Mainenance Shelf (6275A2700-01) are installed on each main landing gear door actuator. 在每个主起落架门作动筒上安装安全销(6323C01-A) 或 (6275A2700-01)		
C. Procedure 工作步骤 (1) Place the Platform - Maintenance, 2 m as required. 　　按需放置工作梯。 (2) Open the landing gear doors. Refer to Main landing gear inner door-Open for access procedure, MPP C919-A-52-82-01-00A-540A-A . 打开起落架门,参考 MPP C919-A-52-82-01-00A-540A-A。 (3) Clean the surfaces of greasers with Acetone (11-033) or Isopropyl alcohol (11-011A) or Ethyl alcohol (11-007) . And make sure that they are clean and serviceable. 用丙酮(11-033)或异丙醇(11-011A)或乙醇(11-007)清洁注油嘴表面。并确保其清洁且可使用。 WARNING: BE CAREFUL WHEN YOU USE CONSUMABLE MATERIALS. OBEY THE MATERIAL MANUFACTURER'S INSTRUCTIONS AND YOUR LOCAL REGULATIONS 警告:使用耗材时要小心。遵守材料制造商的说明和当地法规。 WARNING: WHEN YOU USE OIL AND GREASE, USE PROTECTIVE CLOTHING, GOGGLES AND GLOVES. DO NOT GET OIL OR GREASE IN YOUR MOUTH, IN YOUR EYES OR ON YOUR SKIN. IF YOU GET OIL OR GREASE ON YOUR SKIN, ACT AS FOLLOWS: 　　①REMOVE IT WITH CLEAN CLOTH; 　　②REMOVE IT WITH SOAP AND FLUSH IT AWAY WITH CLEAN WATER; 　　③GET MEDICAL AID IMMEDIATELY IF NECESSARY. 警告:使用油脂时,请穿防护服、护目镜和手套。不要让油或油脂进入口腔、眼睛或皮肤。如果皮肤上有油脂,请按以下步骤操作: 　　①用干净的布擦拭; 　　②用肥皂洗掉,用清水冲洗干净; 　　③必要时立即就医。 (4) Apply the General grease (04-003A) to the 1 greaser of the main landing gear shock strut aft intersection point and the fuselage connection structure with Gun-Grease , until the new grease comes out. 用油枪将通用润滑脂(04-003A)注入主起落架减震支柱后交点和机身连接结构的1个注油嘴上,直到新润滑脂流出。 Note: Lubricate any one of the 2 greasers. 说明:润滑两个注油嘴的任何一个。 Note: We recommend the brand of grease is Aeroshell Grease 33. 说明:我们推荐的润滑脂品牌是 Aeroshell Grease 33。		

3. 工作步骤 PROCEDURE	工作者 MECHANIC	检查者 INSPECTOR
(5) Apply the General grease(04-003A) to the 2 greasers of the main landing gear shock strut forward intersection point and fuselage connection structure with Gun-Grease , until the new grease comes out. 用油枪将通用润滑脂(04-003A)注入主起落架减震支柱前交点和机身连接结构的2个注油嘴上,直到新润滑脂流出。 Note: Lubricate any 2 of the 4 greasers, preferably diagonal. 说明:润滑四个注油嘴中的任意两个,最好是对角线。 Note: We recommend the brand of grease is Aeroshell Grease 33. 说明:我们推荐的润滑脂品牌是 AerosheⅡ Grease 33。 (6) Apply the General grease (04-003A) to the greasers with Gun-Grease , until the new grease comes out. There are 5 components and areas that require lubrication, and 18 greasers totally in one side of main landing gear, refer to Table1 Greasers location . 用油枪注入通用润滑脂(04-003A),直到新润滑脂流出。有 5 个部件和区域需要润滑,18 个注油嘴完全在主起落架的一侧,见表 1 注油嘴位置。 Note: We recommend the brand of grease is Aeroshell Grease 33. 说明:我们推荐的润滑脂品牌是 AerosheⅡ Grease 33。 **Table 1 Greasers location** (table below) (7) Remove the unwanted grease with Lint-Free Cotton Cloth (18-003) . 使用不起毛抹布(18-003)清除不需要的油脂		
D. Close-Up 工作结束 (1) Get Access 　接近 　(a) Close the Left main landing gear inner door 731 and Right main landing gear inner door 741. Refer to Main landing gear inner door-Close after access procedure, MPP C919-A-52-82-01-00A-740A-A . 　关闭左主起落架内门 731 和右主起落架内门 741,参考 MPP C919-A-52-82-01-00A-740A-A。 (2) Removal of Equipment 　移除设备 　(a) Remove the Platform-Maintenance,2 m . 　移走工作梯。 　(b) Remove the safety barriers. 　移走安全屏障。 　(c) Remove the WARNING NOTICE(S). 　拆除警告牌。		

Table 1 Greasers location

No.	Location	Number of fittings	Note
1	Shock strut rear and forward joint	6	The rear pin connected to the structure 3211C 01100G40 is self-made component, two fittings in the pin are type AS15001-3P and require lubrication.
2	Uplock roller	2	
3	Upper TORQUE link	4	
4	Upper and lower TORQUE link joint	2	
5	Lower TORQUE link	4	

续上表

3. 工作步骤 PROCEDURE	工作者 MECHANIC	检查者 INSPECTOR
(3) Remove all tools, equipment and unwanted materials from the work area. 移除工作区域内所有的工具, 设备和其他物品		

------------------------END OF TASK------------------------

任务评估

波音 737 飞机 "皮托管的清洁" 工卡编写任务评价

姓名			学号		
班级			完成时间		
序号	评价项目	评分标准		得分	得分说明
1	任务理解	准确引用 AMM 34-11-00 章节内容, 明确皮托管清洁的技术标准及安全要求			
2	手册查阅能力	正确提取手册关键信息(如清洁剂型号 BMS 3-23、禁用压缩空气距离限制)			
3	工卡内容完整性	包含完整操作步骤(预处理→清洁→干燥→测试)、工具清单(软毛刷、无纺布)、风险提示			
4	安全规范符合性	明确防静电措施(如接地腕带)、FOD 防控要求(如工作区隔离), 无遗漏危险操作警告			
5	格式与规范性	工卡格式符合公司模板(如标题编号、签名栏、修订记录), 文字描述简洁无歧义			
6	团队协作	互审阶段提出有效修改建议(如补充步骤或修正参数), 修订说明逻辑清晰			
7	创新性	在手册基础上优化操作细节(如清洁剂分次喷涂设计), 提升效率或安全性(附加分)			

模块测试

一、选择题

1. 波音 AMM 手册中, 液压系统(Hydraulic System)对应的 ATA 章节是(　　)。

　　A. ATA 27　　　　　　B. ATA29　　　　　　C. ATA 30　　　　　　D. ATA 38

2. 查询 B737NG 飞机皮托管清洁程序时, 应优先查阅 AMM 的哪一章节?(　　)

　　A. ATA 05(定期维护)　　　　　　　　B. ATA 34(导航系统)

　　C. ATA 71(动力装置)　　　　　　　　D. ATA 78(发动机排气)

3. 手册中标注的力矩值单位通常是(　　)。
 A. 磅·英寸(lb-in)
 B. 牛·米(N·m)
 C. 千克·厘米(kg-cm)
 D. 磅·英尺(lb-ft)
4. 手册修订状态的标识符是(　　)。
 A. TR(Temporary Revision)
 B. SB(Service Bulletin)
 C. AD(Airworthiness Directive)
 D. IPC(Illustrated Parts Catalog)
5. 查询"卡箍拧紧力矩"时,需交叉参考的章节是(　　)。
 A. AMM 20 章(标准施工规范)
 B. AMM 05 章(维护计划)
 C. AMM 70 章(发动机)
 D. AMM 12 章(勤务)
6. 手册中要求使用特定清洁剂(如 BMS 3-23)时,其技术来源是(　　)。
 A. 波音材料规范(BMS)
 B. 航空公司工程指令(EO)
 C. FAA 适航条款
 D. IPC 图解目录
7. 关于干力矩(Dry Torque)与湿力矩(Wet Torque)的区别,正确的是(　　)。
 A. 湿力矩需在螺纹涂抹润滑剂
 B. 干力矩值通常比湿力矩值大
 C. 两者单位不同
 D. 仅湿力矩需校准工具
8. 手册中"WARNING"标识的含义是(　　)。
 A. 可能导致设备损坏
 B. 可能导致人员伤亡
 C. 建议性操作提示
 D. 仅适用于特定机型
9. 若 AMM 手册未明确标注某卡箍力矩值,应优先参考(　　)。
 A. 标准施工章节(AMM 20 章)
 B. 制造商服务信函(SL)
 C. 航空公司经验数据
 D. IPC 图解目录
10. 查询放电刷(Static Discharge Wicks)安装程序,应查阅(　　)。
 A. ATA 23(通信系统)
 B. ATA 33(照明系统)
 C. ATA 56(窗户)
 D. ATA 23(通信系统)

二、填空题

1. ATA-100 中,关于飞机动力装置的内容在第_____章及以后章节。
2. 客户化手册是根据_____自身运营和维护需求定制的手册。
3. 在 ATA-100 章节划分里,飞机的电气系统属于第_____章。
4. 飞机常见的维修手册中,_____详细描述了飞机各系统和部件的维护程序。
5. ATA-100 中关于飞机结构部分的内容在第_____章。

三、判断题

1. ATA 章节划分中,ATA 29 对应液压系统。　　(　　)
2. 工卡编写可直接引用旧版 AMM 手册内容,无需检查 TR 状态。　　(　　)
3. 力矩值标注为"350lb-in"时,允许换算为"29.17 lb-ft"使用。　　(　　)
4. AMM 20 章包含标准施工规范(如保险丝缠绕方法)。　　(　　)
5. 波音 IPC 手册可用于查询航材件号与替代关系。　　(　　)

6. 防静电措施要求通常在 AMM 的"安全警告"模块中单独列出。　　　（　　）

7. 湿力矩操作时允许使用任意类型的润滑剂。　　　（　　）

8. 手册中"CAUTION"标识的操作违反可能导致系统失效。　　　（　　）

9. 查询部件拆装步骤时，需同时参考 AMM 和 IPC 手册。　　　（　　）

10. 航空公司可根据经验调整手册中的力矩值以提升效率。　　　（　　）

四、简答题

1. 简述查询波音飞机 B 系统回油滤卡箍拧紧力矩值的步骤。

2. 如何确认 AMM 手册的修订状态是否有效？

3. 列举工卡编写中引用 AMM 手册的三条规范要求。

4. 干力矩与湿力矩的操作差异及注意事项。

5. 为何禁止在皮托管清洁中使用压缩空气近距离吹扫？

6. 请简述 ATA-100 规范对飞机维修行业的重要意义。

7. 客户化手册和非客户化手册有哪些主要区别？

8. 飞机维护手册（AMM）在飞机维修工作中的主要作用是什么？

模块五
MODULE FIVE

新技术与新工艺应用案例

模块导学

本模块聚焦于航空维修领域的新技术与新工艺。首先会深入探讨这些新技术新工艺产生的背景,如航空业快速发展、飞机技术革新及对维修效率与质量的更高要求等因素。接着详细介绍各类新技术新工艺,涵盖其基本原理,如先进复合材料修复工艺的黏结原理、无损检测新技术的探测原理等;阐述技术特点,例如某些新工艺具备的高效、精准特性等;明确适用范围,比如特定工艺适用于何种飞机部件或系统。同时,还会结合实际维修案例,剖析新技术新工艺在不同维修场景中的应用流程,包括操作前准备、具体操作步骤及操作后的检验等要点,并对其应用效果进行分析评估。最后通过实践操作与案例讨论,培养运用这些知识解决实际问题及团队协作的能力。

任务一　航空维修新技术

学习任务

一、任务背景

航空维修技术随着航空工业的飞速发展不断演进,新型飞机的设计、材料与系统的创新对维修工作提出了更高要求和全新挑战。掌握航空维修新技术对于保障航空安全、提高维修效率和降低运营成本具有极为关键的意义。本任务旨在深入探究航空维修各类新技术,培养在该领域的专业素养和实践能力。

二、学习目标

知识目标

(1)了解航空维修新技术产生的背景、驱动力及其在现代航空业中的重要地位。

(2).熟悉多种航空维修新技术的基本原理、技术特点和应用范围,包括但不限于无损检测技术(如激光超声检测、太赫兹检测)、智能维修系统(如基于人工智能的故障诊断系统、预测性维修平台)、先进制造技术在维修中的应用(如3D打印修复、冷喷涂修复)等。

(3)掌握航空维修新技术的实际操作流程与规范。

能力目标

(1)能够在模拟或真实的维修环境中正确运用相关技术进行简单的维修任务操作。

(2)能够针对具体的维修场景选择合适的新技术并制定有效的维修方案。

素质目标

(1)提升团队协作精神和沟通交流能力,在完成各项任务过程中学会与小组成员分工合作、共享信息,并能够清晰地表达自己的观点和见解。

三、任务安排

(一)技术调研与报告撰写(个人任务,占总成绩20%)

任务要求	每位学生选择一种航空维修新技术作为研究对象,如激光熔覆修复技术、虚拟现实维修培训技术、航空大数据分析在维修中的应用等
	利用图书馆资源、学术数据库、行业报告以及网络等渠道,广泛收集关于所选技术的资料信息,包括技术的起源、发展历程、基本原理、技术优势、应用案例、当前研究热点与未来发展趋势等方面的内容
	对收集到的资料进行整理、分析和归纳,撰写一篇不少于3000字的技术调研报告。报告要求结构清晰、内容详实、逻辑严谨,引用文献准确规范,并配有适当的图表以辅助说明
时间安排	课前7天:确定研究主题,制定资料收集计划
	课前5-6天:进行资料收集与整理工作
	课前3-4天:完成调研报告的撰写,并提交初稿给教师审阅
	课前1-2天:根据教师的反馈意见对报告进行修改完善,提交最终版报告

(二)新技术应用案例分析与方案设计(小组任务,每组4-5人,占总成绩40%)

任务要求	学生自由组建小组后,教师为每个小组分配一个特定的航空维修场景或问题案例,案例涉及飞机结构损伤修复、航空电子系统故障排除、发动机性能衰退处理等不同方面,且要求必须运用至少两种航空维修新技术进行解决
	小组首先对案例进行深入分析,明确问题的性质、范围和影响因素,研究案例中涉及的飞机型号、系统结构以及相关技术参数等信息
	基于对案例的分析,结合所学的航空维修新技术知识,制定详细的维修方案。方案内容应包括维修技术的选择依据、具体的操作步骤与工艺流程、所需的维修设备与工具清单、维修人员的分工安排、质量控制措施与检验标准、维修成本估算以及维修时间预测等方面
	制作一份PPT用于展示小组的案例分析过程和维修方案设计成果,PPT要求简洁美观、重点突出,能够清晰地阐述小组的思路和方法。展示时间为20-30分钟,之后进行10-15分钟的问答环节,接受教师和其他小组的提问与评价
时间安排	课后1天:小组组建,领取案例任务,进行案例初步分析和技术选型讨论
	课后2-3天:深入研究案例,制定维修方案,撰写方案文档
	课后4-6天:制作PPT,进行小组内部预演和完善
	课后7天:各小组进行案例分析与方案设计展示汇报,教师和其他小组进行评价打分

(三)新技术实践操作与技能考核(个人任务,占总成绩40%)

任务要求	根据学校航空维修实训中心的设备条件和资源配置,为学生安排一系列航空维修新技术的实践操作训练项目,如在激光检测设备上进行金属零部件内部缺陷检测实验、在3D打印设备上进行飞机零部件模型的打印与修复练习、在航空维修模拟软件平台上进行智能故障诊断系统的操作演练等
	学生在实践操作过程中,严格遵守操作规程和安全规范,认真记录操作步骤、工艺参数、实验结果以及遇到的问题和解决方法。每个实践操作项目完成后,学生需撰写一份实践操作报告,总结自己在该项目中的学习收获、技能掌握情况以及对相关技术的理解和认识,报告字数不少于1500字
	在完成所有实践操作训练项目后,学生将参加统一组织的技能考核。考核内容包括实践操作技能的熟练程度、对新技术原理和应用的理解深度、问题解决能力以及安全意识和规范操作的遵守情况等方面。考核形式将采用现场操作演示、口头问答和书面测试相结合的方式进行
时间安排	第1周:按照实训安排,依次进行各项航空维修新技术的实践操作训练,完成实践操作报告的撰写
	第2周:进行航空维修新技术技能考核,综合评定学生的实践操作成绩

知识链接

一、航空维修新技术发展趋势

航空维修新技术是推动航空业发展的关键力量,它涵盖了从飞机结构到航空电子设备,从维修理念到具体操作方法等多个方面的创新与变革,对于提高维修效率、降低维修成本、保障飞行安全等方面具有极其重要的意义。

在飞机结构维修方面,新材料的应用促使了相应维修技术的革新。例如,碳纤维复合材料在现代飞机制造中广泛使用,其具有高强度、低密度的特性,但在遭受损伤时,维修方法与传统金属材料截然不同。新型的复合材料修复技术通过特殊的胶黏剂和工艺,能够在保证结构强度和性能的前提下,对受损部位进行精准修复,避免了大面积更换部件带来的高昂成本和长时间停飞。

我国国产大飞机 C919 的主要制造材料如图 5-1-1 所示。

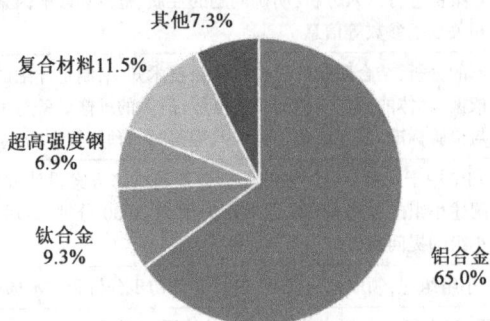

C919 所使用的主要材料包括铝合金、复合材料、钛合金、高强度钢等

其他7.3%
复合材料11.5%
超高强度钢 6.9%
钛合金 9.3%
铝合金 65.0%

图 5-1-1　C919 制造材料使用情况

航空电子设备的快速发展也带动了维修新技术的涌现。随着飞机上电子系统的日益复杂和集成化,传统的基于硬件故障排查的维修方式已难以满足需求。如今,采用软件诊断工具和在线监测系统,能够实时对电子设备的运行状态进行监控和分析。一旦出现故障,可迅速定位到具体的软件模块或硬件芯片,维修人员通过更新软件程序或更换小型化的电子元件即可解决问题,极大地缩短了维修时间并提高了维修的准确性。

图 5-1-2 以航线运营管理信息的空地协同应用为例,展示了软件诊断工具与在线监测系统能够实现的功能。

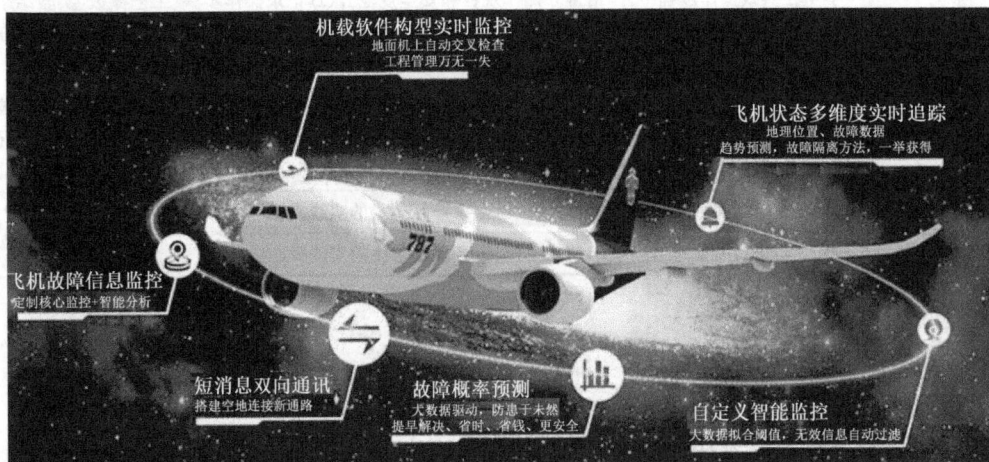

机载软件构型实时监控
地面机上自动交叉检查
工程管理万无一失

飞机状态多维度实时追踪
地理位置、故障数据
趋势预测,故障隔离方法,一举获得

飞机故障信息监控
定制核心监控+智能分析

短消息双向通讯
搭建空地连接新通路

故障概率预测
大数据驱动,防患于未然
提早解决、省时、省钱、更安全

自定义智能监控
大数据拟合阈值,无效信息自动过滤

图 5-1-2　基于数据链的航线运营管理信息化空地协同应用

维修理念的转变更是航空维修新技术的核心体现之一。从传统的定时维修逐渐向视情维修和预测性维修过渡,是基于对飞机各系统运行数据的深度挖掘和分析。借助先进的传感器技术,飞机在飞行过程中的各种参数,如发动机的温度、压力、振动频率,以及飞机结构的应力

应变等数据被实时采集并传输回地面维修中心。通过大数据分析平台和智能算法,这些海量数据被转化为有价值的维修决策依据,使得维修工作能够在最恰当的时机开展,避免了不必要的定期拆解检查和部件更换,既节省了人力物力,又降低了因过度维修可能引发的人为故障风险。

在具体操作方法上,自动化和智能化设备的引入彻底改变了维修工作的模式。例如,自动化的无损检测设备能够对飞机关键部件进行快速、精准的探伤检测,其检测精度和效率远远高于传统的人工检测手段。同时,智能机器人在一些危险或复杂环境下的维修作业中发挥着越来越重要的作用,如在发动机内部狭小空间的检查和维修任务中,机器人可以携带高精度检测仪器深入其中,按照预设程序完成检测、清洁、零部件更换等一系列操作,不仅提高了维修工作的安全性,还确保了维修质量的稳定性和可靠性(图 5-1-3)。

图 5-1-3　工业内窥镜孔探仪在飞机检测中的应用

此外,航空维修新技术还注重维修过程中的信息化管理。通过建立一体化的维修信息管理系统,将飞机的设计资料、维修手册、历史维修记录、库存管理以及维修人员的资质信息等全部整合到一个平台上。维修人员在进行任何一项维修任务时,都可以方便快捷地获取所需信息,实现了维修工作的规范化、标准化和协同化,有效避免了因信息不畅或错误导致的维修延误或失误,进一步提升了航空维修的整体效率和质量。

本节后续内容将从维修理念与策略创新、先进制造技术在航空维修中的应用、智能检测与诊断技术、虚拟现实(VR)与增强现实(AR)技术几个方面来具体阐述。

二、维修理念与策略的创新

1. 预测性维修

(1)原理

预测性维修依托于大数据分析和机器学习算法构建的强大技术体系。在现代飞机中,众多的传感器被安装于飞机部件、发动机以及机载子系统等关键部位。这些传感器如同飞机的"感官神经末梢",能够实时收集海量的数据,涵盖温度、压力、振动频率、转速、电流、电压等多维度的参数信息。通过高速的数据传输链路,这些数据被汇聚到地面的维修数据处理中心。在数据处理中心,借助先进的大数据存储和管理技术,数据被有序地整理和存储,随后运用机器学习算法对这些数据进行深度挖掘与分析。机器学习算法通过对历史数据中故障发生前的特征模式进行学习和识别,构建出精准的预测模型。当新的数据输入时,模型能够快速比对并发现潜在的故障迹象,从而在故障尚未实际发生之前,提前发出预警并提供详细的故障预测信息,为维修团队制定针对性的维修计划赢得宝贵时间。

(2)应用案例

某大型民航公司运营着一支庞大的机队,其中包括多种型号的客机。在其机队的维护管理体系中,全面引入了预测性维修技术。以其中一架波音777客机为例,飞机的发动机配备了高精度的传感器网络,每秒能够采集数千个数据点。在一次跨洋飞行任务中,预测性维修系统持续对发动机传感器数据进行实时分析。在飞行途中,系统检测到发动机燃油系统的压力数据出现了细微但异常的波动,同时燃油流量数据也呈现出一种与正常飞行模式不相符的变化趋势。通过与海量历史飞行数据以及故障案例数据进行对比和模型分析,系统迅速判定发动机燃油系统可能存在潜在故障隐患。维修控制中心在接收到预警信息后,立即与机组人员沟通,并根据飞机的实时位置和飞行计划,安排飞机在最近的合适机场降落。飞机落地后,维修团队依据预测性维修系统提供的详细故障预测报告,精准地对燃油系统进行了检查和维修,发现是燃油泵内部的一个关键部件出现了轻微磨损,若继续飞行极有可能导致燃油供应中断,引发空中停车事故。此次成功的预测性维修不仅避免了一场潜在的灾难性事故,保障了数百名乘客的生命安全,而且精准的故障定位和及时维修使得飞机的停场时间大幅缩短,相较于传统的故障排查维修方式,节省了约80%的维修时间,有效减少了航班延误和取消,大大提高了公司的运营效率和声誉。

再如,某国际知名的货运航空公司,其主要运营货机在全球范围内运输各类高价值货物。该公司采用预测性维修技术对飞机的起落架系统进行监控。起落架系统的传感器实时传输诸如减震支柱压力、轮胎胎压、起落架收放作动筒行程等数据。在一次日常飞行任务后,数据分析系统发现某架货机的起落架减震支柱压力数据在每次着陆后的恢复曲线出现了异常的平缓趋势,与正常的起落架减震支柱性能衰退模型不匹配。经过进一步的数据分析和模型计算,预测性维修系统判定减震支柱内部的密封件可能存在老化和轻微泄漏问题。维修部门根据这一预测,提前准备好维修所需的零部件和工具,并在飞机下次回港进行定期维护时,优先对起落架减震支柱进行了检查和维修。经拆解检查,发现密封件确实存在磨损和轻微泄漏,与预测结果完全相符。通过这种预测性维修方式,公司成功避免了因起落架故障导致的飞机停飞和货物滞留,保障了货物运输的时效性和公司的经济效益,同时也降低了因突发起落架故障而可能引发的安全风险,提高了飞机整体的可靠性和安全性。

还有一家支线航空公司,其机队规模相对较小,但运营环境较为复杂,航线多覆盖山区和偏远地区。该公司将预测性维修应用于飞机的航空电子设备。例如,飞机的导航系统和通信系统配备了专门的传感器,用于监测信号强度、频率稳定性、设备温度等参数。在一次山区飞行任务中,预测性维修系统监测到导航系统的信号强度出现了间歇性的微弱衰减,同时设备温度略有升高。系统通过对这些异常数据的分析,并结合该地区的地形、气候等外部因素数据,预测导航系统的天线可能存在松动或受到轻微干扰。飞机降落后,维修人员根据预测结果迅速对导航系统天线进行了检查和紧固处理,确保了后续飞行任务的安全和正常进行。这一案例充分展示了预测性维修在复杂运营环境下,对于保障支线航空飞行安全和运营连续性的重要作用,同时也表明了该技术能够有效适应不同规模和运营特点的航空公司需求,为提升整个航空业的维修水平和安全保障能力提供了有力支持。

（3）优势

预测性维修为航空维修领域带来了多方面显著的优势。首先,它能够极大地减少飞机的非计划停飞时间。传统的维修方式往往是按照固定的维修间隔或者在故障发生后才进行维修,这就容易导致飞机在运营过程中突然出现故障而被迫停飞,造成航班延误或取消,给航空公司带来巨大的经济损失和声誉损害。而预测性维修通过提前精准预测故障,能够将维修工作安排在飞机的计划维护窗口或者在故障发生前的适当时机进行,从而有效避免了非计划停飞事件的发生,确保航班的正常运营秩序。其次,预测性维修有助于降低维修成本。由于能够在故障早期发现并进行精准维修,避免了故障的进一步恶化和扩散,减少了因大规模维修或更换部件而产生的高昂费用。同时,精准的维修计划安排也使得维修资源得到了更合理的配置,减少了不必要的人力、物力和时间浪费。再者,通过及时发现并处理潜在故障,部件的使用寿命能够得到有效延长。例如,发动机在出现早期故障迹象时得到及时修复,避免了因故障加剧而对其他部件造成连锁损坏,从而使发动机能够在更长的时间内保持良好的运行状态,减少了部件的更换频率,进一步降低了运营成本。最后,预测性维修从整体上提高了飞机的可靠性。飞机各系统的稳定运行是保障飞行安全的关键,通过持续的监测和精准的预测,潜在故障隐患被及时排除,飞机在空中发生突发故障的概率大幅降低,从而提升了对乘客和机组人员的安全保障水平,增强了航空公司的运营信心和市场竞争力。

（4）任务举例

项目	详情
原理	依托大数据分析与机器学习算法,飞机关键部位传感器收集温度、压力等多维度参数数据,经数据传输链路汇聚至地面维修数据处理中心,借助大数据存储管理技术整理存储,再由机器学习算法深度挖掘分析历史数据中故障特征模式构建预测模型,新数据输入时比对发现潜在故障迹象并预警
应用案例分析	
案例一（大型民航公司波音777客机）	故障预测依据:发动机燃油系统压力数据细微异常波动且燃油流量与正常飞行模式不符变化趋势,经与海量历史及故障案例数据对比模型分析判定潜在故障隐患。 维修措施:维修控制中心与机组沟通,安排飞机在最近合适机场降落,维修团队依据预测报告精准检查维修燃油系统。 最终效果:避免灾难性事故,保障乘客安全,停场时间大幅缩短,节省约80%维修时间,减少航班延误和取消,提升公司运营效率和声誉
案例二（国际知名货运航空公司货机）	故障预测依据:起落架减震支柱压力数据每次着陆后恢复曲线异常平缓,与正常性能衰退模型不匹配,经数据分析和模型计算判定减震支柱内部密封件可能老化泄漏。 维修措施:提前准备零部件和工具,在飞机下次回港定期维护时优先检查维修起落架减震支柱。 最终效果:避免因起落架故障导致飞机停飞和货物滞留,保障货物运输时效性和公司经济效益,降低安全风险,提高飞机可靠性和安全性指标

续上表

项目	详情
应用案例分析	
案例三（支线航空公司飞机）	故障预测依据：导航系统信号强度间歇性微弱衰减且设备温度略有升高，结合地区地形、气候等外部因素数据预测导航系统天线可能松动或受干扰。 维修措施：飞机降落后维修人员根据预测结果迅速检查紧固导航系统天线。 最终效果：保障山区飞行任务安全和正常进行，体现预测性维修在复杂环境下保障支线航空飞行安全和运营连续性的作用，适应不同规模和运营特点航空公司需求
优势阐述	
减少非计划停飞时间	例如大型民航公司案例中，预测性维修避免了发动机故障导致的非计划停飞，保障航班正常运营秩序，避免航班延误或取消带来的经济损失和声誉损害
降低维修成本	如货运航空公司案例，提前发现起落架故障并精准维修，避免大规模维修或部件更换产生的高昂费用，合理配置维修资源，减少人力、物力和时间浪费
延长部件使用寿命	如大型民航公司发动机早期故障修复，避免故障加剧对其他部件的连锁损坏，使发动机保持良好运行状态，减少部件更换频率，降低运营成本
提高飞机可靠性	支线航空公司通过预测性维修及时排除导航系统潜在故障隐患，降低飞机空中突发故障概率，提升乘客和机组人员安全保障水平，增强航空公司运营信心和市场竞争力

2. 基于状态的维修

（1）原理

基于状态的维修建立在对飞机各系统和部件运行状态的实时、精准监测基础之上。利用一系列先进的传感器技术，如高精度的振动传感器、温度传感器、压力传感器、应变传感器等，分布在飞机的机身结构、发动机、起落架、航空电子设备等各个关键部位，对其运行过程中的各种物理参数进行不间断采集。这些传感器将采集到的数据通过飞机的机载数据采集系统（ADCS）进行汇总和初步处理后，传输至地面的维修监控中心。在维修监控中心，专业的数据分析软件和系统对这些数据进行实时分析和处理，通过建立各种部件和系统的性能模型，将实时采集的数据与正常运行状态下的标准数据模型进行对比和评估。一旦发现某个部件或系统的运行参数偏离正常范围，即判定其状态发生了变化，存在潜在的故障风险。根据这种状态变化的程度和趋势，维修决策系统会自动生成相应的维修建议，包括维修的时机、维修的内容、所需的维修工具和零部件等信息，从而实现根据实际状态而非固定的维修间隔来科学合理地决定维修计划和行动。

（2）应用案例

军队对于一些承担关键作战任务的飞机，如先进的战斗机和预警机等，广泛采用基于状态的维修策略，以确保飞机在高强度的作战和训练任务中始终保持最佳状态。以某型号的战斗机为例，其发动机采用了基于状态的维修系统。在日常训练飞行过程中，发动机上的多个传感器持续监测着诸如涡轮叶片的振动频率、燃气温度、油压、转速等关键参数。在一次高强度的空中对抗训练后，地面监控中心发现该战斗机发动机的涡轮叶片振动频率出现了异常升高，超出了正常运行范围的上限。通过进一步对相关参数的综合分析，如燃气温度的变化趋势以及油压的波动情况，维修决策系统判断可能是涡轮叶片出现了轻微的损伤或者是发动机内部的气流通道存在局部堵塞。根据这一状态评估结果，维修团队迅速制定了针对性的维修计划，优先安排对发动机涡轮叶片和气流通道进行详细检查。经拆解检查发现，涡轮叶片上确实存在一些微小的裂纹，同时气流通道内有少量异物堆积。维修人员及时更换了受损的涡轮叶片，并清理了气流通道，使发动机恢复到正常的运行状态。通过这种基于状态的维修方式，有效避免了发动机故障的进一步恶化，确保了战斗机在后续的作战任务中能够随时投入使用，显著提高了作战效能和飞行安全性。

在民用航空领域，某地区性航空公司将基于状态的维修应用于其机队的起落架系统。起落架作为飞机的关键安全部件，其可靠性至关重要。该航空公司的每架飞机起落架上都安装了一套先进的监测系统，包括压力传感器、位移传感器和应变传感器等。在一次连续的短途航班运营过程中，地面维修监控中心收到一架飞机起落架的状态预警信息。通过对监测数据的分析发现，起落架主减震支柱的压力在每次着陆后恢复到正常水平的时间逐渐延长，同时应变传感器检测到起落架结构件上的应力分布出现了异常变化。维修团队根据这些状态信息，判断起落架主减震支柱的密封性能可能下降，并且起落架结构件可能存在局部疲劳损伤。于是，在飞机完成当天的航班任务后，维修人员立即对起落架进行了全面检查和维修。经检查发现，主减震支柱的密封件确实出现了磨损，导致液压油泄漏，从而影响了减震效果；同时，在起落架结构件的关键部位发现了一些微小的裂纹，这是由于长期的起降冲击和疲劳累积所致。通过及时更换密封件和对结构件进行修复处理，避免了起落架故障对飞行安全造成的潜在威胁，确保了飞机的正常运营。这种基于状态的维修方式不仅提高了维修的针对性和有效性，还减少了不必要的起落架定期拆解检查和维护工作，降低了维修成本，提高了飞机的利用率。

此外，对于一些大型的民航客机，其航空电子设备也采用基于状态的维修策略。例如，飞机的飞行控制系统配备了大量的传感器，用于监测各个控制舵面的位置、作动器的行程、电气系统的电压和电流等参数。在一次长途飞行过程中，飞行控制系统的监测数据显示，某个控制舵面的作动器行程出现了异常的微小偏差，虽然飞机的自动驾驶系统能够自动进行补偿，但基于状态的维修系统仍然及时捕捉到了这一异常情况。通过对相关数据的深入分析，维修团队怀疑作动器内部的传动机构可能存在轻微磨损。飞机抵达目的地后，维修人员对该作动器进行了详细检查，发现传动齿轮上有一些轻微的磨损痕迹。由于及时发现并处理了这一潜在故障，避免了作动器故障在后续飞行中可能导致的飞行控制异常，保障了飞行安全。同时，这种精准的维修方式也避免了因飞行控制系统整体更换或大规模维修而带来的高昂成本和长时间停飞，提高了飞机的运营效率和可靠性。

(3)优势

基于状态的维修具有诸多突出的优势。其一，能够精准定位维修需求。与传统的固定间隔维修方式不同，它不是按照预设的时间或飞行小时数来安排维修，而是根据部件和系统的实际运行状态确定维修内容。这就避免了对状态良好的部件进行不必要的维修和更换，同时也不会遗漏那些已经出现早期故障迹象，需要维修更换，但尚未达到传统维修间隔的部件，确保维修工作真正做到有的放矢。其二，有效避免过度维修和维修不足的问题。过度维修不仅浪费大量的人力、物力和财力，还可能因频繁的拆解和组装操作对部件造成额外的损伤，降低部件的可靠性；而维修不足则会使飞机带着潜在故障运行，严重威胁飞行安全。基于状态的维修通过实时监测和精准评估，能够恰到好处地安排维修工作，使部件在最佳的维修时机得到维护,从而提高部件的使用寿命和可靠性,保障飞行安全。其三,显著提高维修资源的利用效率。由于维修计划是根据实际需求制定的,维修人员、工具、设备以及零部件等资源能够得到更合理的调配和使用。避免了因不必要的维修工作而占用大量资源,同时也确保在需要进行维修时能够及时提供充足的资源支持,提高了维修工作的整体效率和质量,降低了维修成本,为航空公司和航空运营机构带来更好的经济效益和运营效益。

三、先进制造技术在维修中的应用

1.3D 打印技术

(1)原理

3D 打印技术,又称为增材制造技术,其核心是以数字模型文件为蓝本,借助逐层堆积材料的方式精准构建物体。具体而言,首先通过计算机辅助设计(CAD)软件创建或获取所需物体的三维数字模型,随后将该模型文件转换为特定的文件格式(如 STL 格式)并导入 3D 打印机。打印机依据模型的切片数据,在打印平台上依次铺设极薄的材料层,这些材料可以是塑料、金属、陶瓷等多种材质,通过加热、固化、烧结等工艺使每层材料相互黏结并固化成型,如此层层叠加,最终形成完整的三维物体。在航空维修领域,这一技术能够依据飞机零部件的精确数字模型,快速且精准地制造出所需的替换零部件或维修专用工具,极大地提升了维修的效率与精准度。

(2)应用案例

①国际空间站维修案例

在国际空间站的长期运行与维护过程中,3D 打印技术发挥了关键作用。例如,空间站中的某个关键传感器支架出现损坏,由于其结构特殊且空间站距离地球遥远,传统的零部件供应方式面临运输时间长、成本高昂等难题。利用 3D 打印技术,宇航员仅需在空间站内将该支架的数字模型文件输入 3D 打印机,选择合适的金属材料(如铝合金),打印机便能够按照模型逐层打印出支架结构。这不仅解决了因运输困难导致的零部件短缺问题,而且整个维修过程从以往等待数月的零部件运输周期大幅缩短至数小时,确保了空间站关键设备的及时修复与正常运行。

②民航领域应用案例

a.发动机叶片修复与制造

在民航飞机发动机维修中,叶片是关键部件,且其工作环境恶劣,容易出现磨损、裂纹等损伤。某航空公司的维修部门引入 3D 打印技术,对于一些小型的、非核心受力区域的叶片损伤,采用金属 3D 打印技术进行修复。通过对叶片损伤部位进行精确扫描建模,然后使用与叶片材质相同的金属粉末(如钛合金粉末)进行逐层打印修复,修复后的叶片经过严格检测后重新投入使用,大大延长了叶片的使用寿命,降低了发动机维修成本。此外,对于一些新型发动机研发过程中的试验性叶片制造,3D 打印技术能够快速根据设计要求制造出不同结构参数的叶片样品,加快了发动机研发进程。例如,某发动机制造企业在研发一款新型高效发动机时,利用 3D 打印技术在短短一周内制造出了多种不同翼型和内部冷却通道结构的叶片原型,通过风洞试验快速筛选出最优设计方案,相比传统制造工艺节省了数月的时间(图5-1-4)。

图 5-1-4　3D 打印的航空发动机

b. 内饰零部件定制与更换

民航飞机内饰的个性化定制与快速维修更换也是 3D 打印技术的应用亮点。一些航空公司为了提升乘客的飞行体验,希望在内饰细节上进行个性化设计,如独特造型的扶手、装饰面板等。利用 3D 打印技术,可以轻松实现这些个性化内饰零部件的快速制造。以某大型航空公司为例,其部分航班的头等舱座椅扶手在长期使用后出现损坏,由于原供应商的生产周期较长且模具成本较高,维修部门采用 3D 打印技术,根据座椅扶手的原始设计数据进行建模并使用高强度工程塑料进行打印制造。新的扶手不仅在外观和功能上与原配件完全匹配,而且从下单到安装完成仅用了三天时间,大大缩短了飞机停场维修时间,提高了航班运营效率。同时,对于一些老旧飞机内饰升级改造项目,3D 打印技术能够快速制造出符合新设计要求的内饰零部件,避免了因传统制造工艺开模成本高、生产周期长而导致的项目延误。

(3)优势

①显著缩短维修周期

在航空维修场景中,无论是飞机机体结构部件还是发动机等关键设备的维修,时间都是至关重要的因素。传统的零部件制造往往需要经过设计、模具开发、批量生产、质量检测、运输等多个环节,整个流程耗时较长。而 3D 打印技术能够直接依据数字模型进行零部件制造,省去了模具开发与大量生产准备时间,对于紧急维修需求能够实现快速响应。例如,一架民航客机在飞行途中遭遇起落架部件突发故障,若采用传统方式等待原厂零部件供应可能需要数天时间,而利用 3D 打印技术,机场维修团队可以在获取该部件数字模型后,使用现场的 3D 打印机在数小时内制造出临时替代部件,使飞机能够安全降落并进行后续的全面维修,极大地减少了航班延误时间和由此带来的经济损失。

②有效降低库存成本

航空维修所需的零部件种类繁多,且不同型号飞机的零部件通用性较差。传统维修模式下,航空公司或维修机构需要大量储备各种零部件以应对可能出现的维修需求,这不仅占用了大量的仓储空间,还导致了高额的库存资金积压。3D 打印技术的应用改变了这一局面,由于可以根据实际维修需求随时制造所需零部件,无需提前大量囤货,从而显著降低了库存成本。以一家拥有多种型号飞机机队的航空公司为例,在引入 3D 打印技术进行部分零部件维修制造后,其零部件库存成本在一年内降低了约30%,同时减少了约40%的仓储面积需求,释放出的资金和空间可以用于其他更关键的运营和发展领域。

③提高维修的灵活性和响应速度

3D 打印技术不受传统制造工艺中模具、生产线等限制,能够快速适应不同的维修任务需求。对于一些特殊结构、非标准尺寸或仅有小批量需求的零部件,传统制造方式可能面临成本高昂甚至无法制造的困境,而 3D 打印技术则可以轻松应对。例如,在飞机的一些改装项目或针对特定故障的临时维修方案中,可能需要一些具有独特形状和性能要求的零部件,3D 打印技术能够根据现场工程师的设计方案迅速制造出符合要求的部件,大大提高了维修的灵活性和响应速度。这种灵活性还体现在材料选择上,3D 打印技术可以使用多种不同类型的材料,包括一些新型高性能材料,能够根据零部件的具体使用环境和性能要求选择最合适的材料进行制造,进一步提升了维修的质量和可靠性。

综上所述,3D 打印技术在航空维修领域,尤其是民航维修方面具有巨大的应用潜力和价值,随着技术的不断发展与完善,其必将在未来的航空维修行业中发挥更为重要的作用,推动航空维修行业朝着更加高效、精准、灵活和经济的方向发展。

2. 低温气动喷涂技术

(1)原理

低温气动喷涂技术是一种创新的表面修复与强化工艺。其核心原理在于利用高压气体产生的超音速气流,使金属粉末微粒获得极高的速度。这些被加速的金属粉末微粒在超音速气流的裹挟下,以高速撞击零部件的待处理表面。与传统热喷涂技术不同,此过程中金属粉末微粒并未被加热到熔点,而是在固态下凭借动能与零部件表面的原子相互作用。通过机械嵌合、扩散等微观机制,金属粉末微粒逐层堆积并牢固地附着在零部件表面,从而形成一层具有特定性能的新金属表层。这种固态沉积的方式有效避免了零部件因高温而产生的热变形、热影响区以及材料性能劣化等问题,为高精度、高性能零部件的修复与强化提供了可靠的技术手段。冷喷涂技术原理如图 5-1-5 所示。

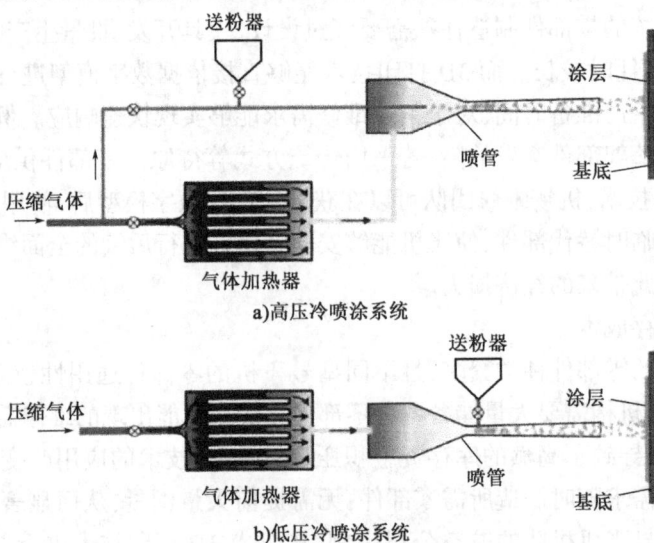

a)高压冷喷涂系统

b)低压冷喷涂系统

图 5-1-5　冷喷涂技术原理图

（2）应用案例

①航空发动机涡轮叶片修复

在航空发动机的运行过程中，涡轮叶片承受着高温、高压燃气的冲刷以及巨大的离心力，工作环境极为恶劣，容易出现表面磨损、腐蚀和热疲劳裂纹等损伤。某国际知名航空公司的维修部门在处理一款先进航空发动机的涡轮叶片维修时，采用了低温气动喷涂技术。对于叶片表面的磨损部位，维修人员首先对叶片进行精密的无损检测和表面预处理，确定损伤范围和程度。然后，根据叶片的材质和工作要求，选择了一种与叶片基体材料相容性良好的高温合金粉末作为喷涂材料。通过精确调控超音速气流的压力、温度和速度等参数，将高温合金粉末以超音速喷射到叶片磨损表面。在撞击瞬间，粉末微粒与叶片表面形成紧密的结合，逐步堆积形成一层均匀、致密的修复层。修复后的叶片经过严格的质量检测，包括表面硬度测试、涂层结合力检测以及模拟工况下的性能测试等，结果表明叶片的表面性能得到了显著恢复和提升，其硬度、耐磨性和抗腐蚀性能均达到甚至优于原始叶片的水平。而且，整个维修过程无需对发动机进行大规模拆解，大大缩短了维修时间，降低了维修成本，使发动机能够更快地重新投入使用，保障了航班的正常运营。

②航空起落架部件修复

航空起落架作为飞机的关键承力部件，在飞机起降过程中承受着巨大的冲击载荷和摩擦力，其表面容易出现划伤、磨损和疲劳裂纹等损伤。一家专业的航空维修企业在对某型商用飞机起落架进行维修时，运用了低温气动喷涂技术。针对起落架外筒表面的磨损问题，维修团队先对外筒进行细致的探伤检查和表面清洁处理，随后选用高强度的合金钢粉末作为喷涂材料。利用低温气动喷涂设备，将合金钢粉末在超音速气流的推动下喷射到外筒磨损区域。由于该技术能够在较低温度下实现粉末与基体的有效结合，避免了传统焊接修复可能导致的热应力集中和材料变形问题。修复后的起落架外筒经过严格的力学性能测试和耐久性试验，证明其强度、刚度和疲劳寿命均满足航空安全标准要求。这一修复案例不仅成功延长了起落架的使用寿命，还为航空公司节省了大量的零部件更换成本，同时提高了飞机的维护效率和运营安全性。

③航空发动机燃烧室修复

航空发动机燃烧室面临着高温燃气的持续冲刷和燃烧产物的腐蚀，其内壁材料容易发生烧蚀、氧化和裂纹等故障。在某航空发动机制造公司与维修机构合作的项目中，针对发动机燃烧室的修复采用了低温气动喷涂技术。维修人员首先对燃烧室进行全面的内窥检测和化学清洗，去除表面的积碳、氧化物和腐蚀产物。然后，根据燃烧室的设计要求和工作环境，选择了一种具有优异抗氧化和抗热腐蚀性能的陶瓷基复合材料粉末作为喷涂材料。通过优化低温气动喷涂工艺参数，将陶瓷基复合材料粉末均匀地喷涂到燃烧室内壁受损部位。修复后的燃烧室在高温模拟试验中表现出良好的抗烧蚀和抗腐蚀性能，涂层与基体结合紧密，有效阻止了高温燃气对燃烧室基体的进一步侵蚀。这一应用案例展示了低温气动喷涂技术在修复航空发动机高温部件方面的独特优势，为提高发动机的可靠性和耐久性提供了有力支持。

（3）优势

①精准修复复杂航空部件

航空零部件往往具有复杂的形状和高精度的要求，如航空发动机的涡轮叶片、燃烧室等部件,其内部结构复杂且对表面质量和尺寸精度要求极高。低温气动喷涂技术能够通过精确控制喷涂参数和粉末材料的特性,实现对这些复杂部件的精准修复。无论是微小的表面缺陷还是大面积的磨损、腐蚀区域,都可以根据部件的实际情况进行定制化的修复处理。例如,对于涡轮叶片前缘的微小热疲劳裂纹,可以采用精细的金属粉末进行局部喷涂修复,在恢复叶片结构完整性的同时,不影响叶片的整体气动性能和机械性能。这种精准修复能力使得航空部件能够在受损后最大限度地恢复其原始性能,延长使用寿命,降低因零部件更换带来的高额成本和停机时间。

②大幅降低航空维修成本

在航空领域,零部件的成本高昂且维修周期长会给航空公司带来巨大的经济压力。低温气动喷涂技术通过实现对受损零部件的原位修复,避免了昂贵的零部件更换费用。以航空发动机的维修为例,一台大型航空发动机的单个涡轮叶片价格可能高达数万元甚至数十万元,如果因表面损伤而更换整个叶片,成本将非常巨大。而采用低温气动喷涂技术进行修复,所需的金属粉末材料成本相对较低,加上设备折旧和人工费用,总成本通常仅为更换新叶片的10%-30%。此外,由于该技术能够在较短时间内完成修复工作,减少了飞机的停场时间,间接为航空公司节省了大量的运营成本。例如,一架商用飞机因发动机故障停场维修,如果采用传统的零部件更换方式,可能需要数天甚至数周的时间,而采用低温气动喷涂技术修复发动机部件,维修时间可缩短至1-3天,大大提高了飞机的利用率,增加了航空公司的运营收益。

③提升航空部件性能与可靠性

低温气动喷涂技术所形成的金属涂层具有独特的微观结构和性能特点,能够有效提升航空部件的性能与可靠性。一方面,涂层的硬度、耐磨性、抗腐蚀性等性能可以根据实际需求进行调整和优化。例如,在航空起落架部件的修复中,通过选择合适的合金钢粉末并控制喷涂工艺,可以使修复后的起落架表面硬度提高20%-30%,耐磨性显著增强,从而更好地应对起降过程中的冲击和摩擦。另一方面,由于低温气动喷涂过程中零部件基体材料受热影响极小,其原始的组织结构和力学性能得以保持,避免了因热修复工艺导致的强度下降、疲劳寿命缩短等问题。这对于航空发动机等关键部件尤为重要,因为这些部件在高温、高压和高应力的工况下工作,任何微小的性能劣化都可能引发严重的安全事故。通过低温气动喷涂技术修复后的航空部件能够在保持原有可靠性的基础上,进一步提升其性能,为航空飞行安全提供更坚实的保障。

④适应航空维修的高效与环保要求

现代航空维修追求高效、环保的理念,低温气动喷涂技术恰好满足了这一需求。该技术的修复过程相对简单快捷,无需复杂的模具制造、长时间的加热冷却过程以及大规模的零部件拆解与装配工作。例如,在航空发动机的现场维修中,低温气动喷涂设备可以方便地移动到发动机旁,对受损部件进行即时修复,大大缩短了维修时间,提高了维修效率。同时,与传统的热喷涂技术相比,低温气动喷涂技术在喷涂过程中产生的废气、废渣等污染物较少,对环境的影响较小。其对金属粉末的利用率较高,减少了材料浪费,符合航空维修行业可持续发展的趋势。在日益严格的环保法规和高效运营要求下,低温气动喷涂技术为航空维修提供了一种绿色、高效的解决方案,有助于航空企业提升自身的竞争力和社会形象。

综上所述,低温气动喷涂技术在航空维修领域具有不可替代的重要作用。其独特的原理、丰富的应用案例以及显著的优势,为航空零部件的修复与强化提供了高效、经济、可靠且环保的技术途径,有力地推动了航空维修技术的发展与进步,保障了航空飞行的安全与高效运营。

四、智能检测与诊断技术

1.人工智能与机器学习

(1)原理

机器学习无疑是智能检测与诊断技术的灵魂所在。这些算法犹如一个个智能的数据挖掘大师,能够巧妙地处理飞机在飞行、地面滑行、停机坪等待等各个运行阶段所产生的形形色色的数据。飞行参数,如高度、速度、航向、姿态角等实时数据;发动机性能数据,如涡轮进口温度、排气温度、燃油流量、油压、转速以及各种复杂的振动频谱数据;机载系统状态数据,如导航系统的卫星信号强度与精度、通信系统的信号传输质量、起落架系统的收放状态与压力数据等,都成为算法分析的素材。在模型训练中,数据的品质和多样性无疑是构建强大模型的基石。航空数据的来源广泛且丰富,飞机上密布的各类传感器就像一个个敏锐的信息采集员,实时将数据源源不断地传输回来;地面维护记录犹如一部详实的病历,记载着飞机每次维护保养的详细情况;飞行日志则像是飞行员的飞行日记,记录着飞行过程中的各种事件与操作。这些数据汇聚在一起后,需要经过一系列精心的预处理工序,如同对原材料进行精细加工一般,去除其中的噪声干扰和异常值的"杂质",然后才被输入到机器学习模型中。

不同类型的机器学习算法各显神通,共同为故障诊断模型的构建贡献力量。神经网络算法以其强大的模拟人类大脑神经元结构的能力而著称,它构建起多层错综复杂的网络模型。输入层犹如飞机数据的入口,敞开怀抱接收各种运行数据;中间隐藏层则像是一个神秘的数据转换工厂,对数据进行深度的特征提取与复杂的转换操作;输出层最终给出故障诊断的结果或故障概率,就像是一位经验丰富的医生给出的诊断结论。决策树算法则像是一位严谨的法官,通过构建树状的决策结构,依据不同的数据特征进行层层分支判断,每一个分支节点都是一次关键的抉择,最终精准地确定故障类型。支持向量机则像是一位数据空间的分类大师,通过巧妙地寻找数据空间中的最优分类超平面,将不同故障状态的数据进行高效分类,使得故障数据与正常数据泾渭分明。

(2)应用案例

①发动机故障预警

某国际知名大型航空公司毅然投入大量资源,采用了一套顶尖的智能检测与诊断系统,将其核心关注点聚焦于飞机的"心脏"——发动机。该系统犹如一张精密的数据大网,全面整合了来自发动机各个关键部位传感器的海量数据,无论是涡轮进口那高达数千度高温处的精确监测数据,还是排气温度的微妙变化,从燃油的流量数据到油压的稳定数值,从转速的快速旋转数据到由多个振动传感器捕捉到的复杂振动频谱数据,无一遗漏。通过对这些数据的实时采集与高速传输,系统借助基于深度学习算法构建的故障诊断模型展开闪电般的快速分析。

在一次漫长的跨洋飞行任务中,飞机在太平洋上空平稳飞行。此时,发动机的智能诊断系统敏锐地检测到涡轮进口温度数据出现了极其细微但却异常的波动。这一波动在传统的人工监测方式下,很可能会被忽视,因为其变化幅度极小,几乎处于正常工作范围的边缘,难以被肉眼识别。然而,智能系统凭借对大量发动机运行历史数据的深度学习与精准记忆,迅速识别出这种看似微小的异常波动极有可能是发动机内部叶片磨损的早期危险信号。系统立即发出预警信息,同时,一份详细的故障可能性分析报告也迅速生成。机组人员在驾驶舱内收到预警后,严格依据应急操作规程,果断调整飞行计划,选择就近的机场进行紧急备降。飞机在备降机场安全着陆后,地面维修人员根据系统提供的精确诊断报告,迅速对发动机展开全面检查。他们运用先进的内窥检测设备,深入发动机内部,果然发现发动机内部的叶片已经存在轻微磨损的情况。正是由于智能检测与诊断系统的及时发现与精准预警,成功避免了一场可能在飞行途中突然爆发的严重发动机故障灾难,保障了航班的安全以及机上数百名乘客和机组人员的宝贵生命财产安全,也避免了因飞机失事可能引发的巨大经济损失和国际声誉损害。

②机载电子系统故障诊断

一家在航空运输领域颇具影响力的航空公司的庞大机队在全球各地繁忙运营过程中,频繁遭遇机载电子系统的间歇性故障困扰,表现为飞机导航系统信号时强时弱,甚至会突然中断;通信系统也偶尔会陷入沉默,与地面指挥中心失去联系。这些问题给飞行安全带来了极大的威胁,同时也严重干扰了航班的正常运营秩序,导致航班延误、旅客不满等一系列连锁反应。传统的故障排查手段在这些故障面前显得力不从心,维修人员往往需要耗费大量的人力和漫长的时间摸索,且由于故障的间歇性和复杂性,往往难以准确地定位故障根源。

为了彻底攻克这一难题,该航空公司毅然决定引入智能检测与诊断技术这一强大武器。系统对机载电子系统的历史故障数据进行了深入挖掘,对飞行过程中的实时运行数据进行动态分析,同时结合不同机型的电子系统独特配置信息进行综合研判,构建了专门针对机载电子系统的高度智能化故障诊断模型。当飞机再次遭遇电子系统故障时,智能系统迅速采集相关数据,并在极短的时间内,凭借其强大的数据分析能力和精准的故障判断模型,给出准确的故障诊断结果。

例如,在一次繁忙的国内航班飞行中,飞机的导航系统毫无征兆地出现信号丢失的危急情况。智能诊断系统瞬间启动,迅速对导航系统的各个关键组件数据展开地毯式分析,从卫星接收模块接收卫星信号的微弱变化,到信号处理单元对信号的复杂处理过程,再到数据传输线路的信号传输质量,逐一进行检查。通过将当前故障数据与正常运行数据模式进行对比,系统准确判断出是卫星接收模块中的一个关键的低噪声放大器出现故障。维修人员在接到系统诊断后,迅速携带备用部件登上飞机,快速更换了故障部件。在短短几分钟内,导航系统就恢复正常工作,飞机得以继续按照预定航线安全飞行,最大限度地减少了航班延误时间,保障了飞行安全与运营效率,也赢得了旅客的赞誉和信任。

③飞机结构健康监测

在飞机结构健康监测这一至关重要的领域,某航空公司与顶尖科研机构强强联合,共同开发了一套基于智能检测与诊断技术的尖端结构监测系统。该系统巧妙地利用分布在飞机关键结构部位,如机翼、机身、起落架等部位的传感器网络,实时采集结构在承受各种复杂载荷时的应变、应力、振动等关键数据。

以机翼结构为例,在飞机漫长的服役生涯中,机翼需要不断承受各种复杂而严酷的考验。在飞行过程中,它要承受来自空气动力的巨大压力;在飞机进行各种机动动作时,如急剧转弯、拉升下降等,还要承受额外的机动载荷,长期的高强度工作使得机翼容易出现疲劳损伤。智能结构监测系统通过对机翼结构数据的长期、持续监测与深入分析,构建了一套全面的机翼结构健康评估模型。当机翼结构中的某个部位出现哪怕是极微小的损伤或应力集中时,系统都能够及时发现异常数据变化。

在一次例行的全面检查中,系统发现某架飞机机翼根部的应变数据出现了异常变化。经过进一步的深度分析与精确诊断,系统判定该部位可能存在内部结构损伤。航空公司在接到系统预警后,立即启动应急响应机制,安排专业的结构维修团队携带先进的无损检测设备对机翼进行详细检查。维修人员运用超声波探伤仪、射线检测仪等高科技设备,对机翼根部进行了全面细致的检测,最终验证了智能系统的诊断结果,并及时采用先进的复合材料修补技术对损伤部位进行了精心修复。这一成功应用有效避免了因未及时发现结构损伤而可能导致的灾难性事故,延长了飞机的使用寿命,降低了因结构故障导致的维修成本和运营风险,确保了飞机的安全航行。

(3)优势

①提高故障检测准确性

智能检测与诊断技术能够深入处理海量的飞机运行数据,挖掘出数据背后复杂而隐秘的关联。这种强大的数据挖掘能力使得它能够更精准地识别故障特征。与传统检测方法相比,它完全不受人为因素的干扰,如维修人员的疲劳、经验差异、情绪波动等。传统检测中,维修人员在长时间工作后可能会因疲劳而出现疏忽,或者由于经验不足而将正常的数据波动误判为故障信号;又或者因个人情绪问题而影响判断的准确性。而智能检测与诊断技术凭借其稳定而强大的算法,能够始终如一地对数据进行客观分析,避免了因主观判断失误而导致的漏检或误判。例如,在发动机故障诊断中,它能够准确区分正常的工作参数波动与故障早期那极其细微的变化,大大提高了故障检测的准确性,为飞行安全提供了更可靠的保障。

②提升检测效率

基于机器学习算法的智能系统能够实现对飞机运行数据的实时监测与快速分析。一旦飞机运行数据中出现任何故障迹象,哪怕是极其微小的异常,系统都能敏锐捕捉,立即发出预警并迅速提供详细的诊断结果。相比传统的人工定期检查和故障排查方式,其效率优势不言而喻。传统方式需要维修人员按照固定的周期对飞机进行检查,很可能会错过故障发生的致因。而且人工排查故障往往需要耗费大量的时间去逐一检查各个部件、分析各种数据。而智能检测与诊断技术能够在飞机运行的每一个瞬间对整个飞机系统进行全面检测,一旦发现问题立即报告,大大缩短了故障发现与定位的时间,提高了飞机的利用率和运营效率,使得航空公司能够更合理地安排航班,减少因故障排查导致的航班延误和取消,为旅客提供更准时、更便捷的航空服务。

③发现潜在故障

传统检测方法往往像是在明处寻找明显的敌人,侧重于对已经表现出明显故障症状的检测,如发动机冒烟、机载系统完全失灵等。而对于一些潜在的、尚未表现出的故障隐患,传统方法难以察觉。智能检测与诊断技术则通过对大量数据的深度学习与全面分析,发现数据中的异常模式和趋势。例如,在机载电子系统故障诊断中,它能够发现因长期使用导致的电子元件性能退化等潜在问题,这种退化在早期可能仅仅表现为数据的微小波动,但智能系统却能敏锐地捕捉到。它能够提前预警这些潜在故障,及时采取措施进行预防或修复,如提前更换即将失效的电子元件,避免故障的进一步发展,从而将潜在的危险扼杀在萌芽状态,保障飞机的安全稳定运行。

④优化维护策略

智能检测与诊断技术提供的详细故障诊断信息和飞机系统健康状况评估结果,有助于航空公司制定更加科学合理的维护策略。航空公司可以根据飞机的实际运行状况,合理安排维护计划,实现预防性维护和视情维护的有机结合,避免过度维护或维护不足的尴尬局面。例如,对于一些关键系统部件,根据智能系统的监测结果,如果发现某个发动机部件的磨损数据已经接近危险阈值,航空公司可以在故障发生前提前安排更换或维修,降低了因突发故障导致的运营风险;而对于一些运行状态良好的部件,如某些机载电子系统的辅助模块,智能系统若显示其性能稳定且无潜在故障风险,航空公司则可以适当延长维护周期,节约维护成本,提高资源利用效率,从而实现航空公司运营效益的最大化。

2.计算机视觉技术

(1)原理

计算机视觉技术的核心在于通过摄像头等图像采集设备,精准获取飞机部件的图像信息。这些摄像头能够捕捉部件在不同光照条件、角度和分辨率下的外观影像,为后续的分析提供丰富的数据素材。在获取图像后,一系列复杂而高效的图像处理和分析算法便开始施展魔力。

首先是图像预处理阶段,其目的在于提升图像质量,为后续的精确分析奠定基础。这一过程包括图像的去噪处理,去除因光线干扰、传感器噪声等因素产生的斑点和杂波;灰度变换,将彩色图像转换为灰度图像,简化数据处理量的同时突出图像的纹理和轮廓特征;图像增强操作,如增强对比度,使图像中的缺陷与正常部件区域之间的差异更加显著,便于后续的识别与检测。

其次,特征提取算法从图像中挖掘出关键的特征信息。例如,边缘检测算法能够精准地识别出部件表面的轮廓边缘,通过计算边缘的梯度变化,确定部件的形状和边界;纹理分析算法则专注于剖析图像的纹理特征,对于检测磨损、腐蚀等原因导致的表面纹理变化具有极高的灵敏度;形状描述算法可对部件的几何形状进行精确量化和描述,从而判断是否存在变形等异常情况。

最后,基于提取的特征信息,分类与识别算法开始发挥作用。通过与预先建立的标准部件图像数据库或故障模型进行对比匹配,利用机器学习、深度学习等先进技术,快速而准确地判断部件是否存在表面缺陷、磨损、变形等问题,并确定问题的类型和严重程度。例如,深度学习中的卷积神经网络(CNN)能够自动学习图像中的多层次特征表示,对飞机部件的各类缺陷进行高效分类,其高准确率在大量实践应用中已得到充分验证。

(2)应用案例

①机身蒙皮检测

在飞机的日常维护工作中,机身蒙皮的完整性检查是一项极为关键且耗时费力的任务。传统的人工检查方式要求维修人员沿着机身逐区域进行目视检查,不仅效率低下,而且容易因人为疏忽而遗漏微小的损伤。某大型航空公司引入了一套先进的计算机视觉检测系统用于机身蒙皮检测。

该系统在机身两侧均匀分布了多个高分辨率摄像头,这些摄像头在飞机进入维护机库后,按照预设的程序自动对机身蒙皮进行全方位扫描。在一次例行检查中，系统检测到机身腹部靠近起落架舱门处的蒙皮图像存在异常纹理特征。通过进一步的图像分析与特征提取，结合深度学习算法对大量机身蒙皮损伤案例的学习经验，系统迅速判断出该区域存在轻微的划痕损伤，且划痕深度和长度均被精确测量。维修人员根据系统提供的直观图像信息和详细检测报告，能够快速定位损伤部位，并准确评估其对机身结构强度和飞行安全的影响。由于计算机视觉系统的高效检测，原本需要数小时的人工检查时间缩短至数十分钟，大大提高了飞机的维护周转效率，同时也确保了机身蒙皮检测的准确性，有效避免了因未及时发现蒙皮损伤而可能引发的飞行安全隐患。

②机翼结构检测

机翼作为飞机的关键承载部件，其结构的完整性直接关系到飞行安全。然而，机翼结构复杂，内部包含众多的梁、肋、蒙皮以及各种连接部件，使传统检测方法难以对其内部结构进行全面、快速的检测。某航空维修企业采用了基于计算机视觉技术的机翼结构检测方案。

该方案利用特殊设计的内窥式摄像头，深入机翼内部的狭小空间，对机翼结构进行近距离图像采集。在对一架服役多年的客机进行机翼结构检查时，计算机视觉系统在机翼大梁与肋板的连接部位发现了疑似裂纹的图像特征。通过图像增强和边缘检测算法，系统清晰地勾勒出裂纹的轮廓，并利用三维重建技术对裂纹所在区域的机翼结构进行了可视化建模。维修人员借助系统提供的直观三维图像，准确判断出裂纹的位置、长度和走向，为制定精准的维修方案提供了关键依据。与传统的无损探伤方法相比，计算机视觉技术不仅检测速度更快，而且能够提供更为全面、直观的图像信息，大大降低了维修人员对复杂检测数据的解读难度，提高了机翼结构检测与维修的质量和效率。

③发动机叶片检测

航空发动机作为飞机的"心脏"，其内部的叶片在高温、高压、高速旋转等极端恶劣条件下工作，极易发生磨损、变形、裂纹等故障。发动机叶片的检测精度和效率直接影响到发动机的性能和可靠性。某航空发动机制造企业运用计算机视觉技术构建了一套发动机叶片自动化检测系统。

该系统配备了高速旋转式摄像头和高精度光学成像设备，能够在发动机叶片高速旋转的状态下，捕捉其瞬间图像信息。在对一台新型发动机进行出厂前的质量检测时，系统检测到一片涡轮叶片的叶尖部位存在微小的变形。通过对叶片图像进行几何形状分析和对比，结合大量标准叶片模型数据，系统准确计算出叶片变形的程度和范围。同时，系统还能够对叶片表面的粗糙度、纹理等特征进行检测，判断叶片是否存在加工缺陷或磨损迹象。基于计算机视觉系统的检测结果，发动机制造企业能够及时对不合格叶片进行筛选和修复，确保发动机的质量和性能符合严格的航空标准，为飞机的安全飞行提供了坚实可靠的动力保障。

（3）优势

①非接触式检测

计算机视觉技术采用摄像头采集图像的方式进行检测，无需与飞机部件进行直接物理接触。这一特性极大地降低了检测过程中对部件造成二次损伤的风险，尤其是对于那些表面精度要求极高、材质较为脆弱的航空部件，如飞机的复合材料机翼蒙皮、高精度光学仪器等。与传统的接触式检测方法，如探针测量、超声探伤等相比，计算机视觉技术能够在不影响部件原有状态的前提下完成检测任务,确保了部件的完整性和可靠性。

②检测速度快

计算机视觉系统能够在极短的时间内对大面积的飞机部件进行快速扫描和检测。其高速的图像采集能力和高效的图像处理算法使得检测过程能够快速完成。例如,在对一架大型客机的机身表面进行检测时,计算机视觉系统可以在数分钟内完成对整个机身的图像采集和初步分析,而传统的人工检查可能需要数小时甚至更长时间。这种快速检测能力对于提高飞机的维护效率、缩短飞机停场时间具有极为重要的意义,能够有效降低航空公司的运营成本,提高飞机的利用率。

③大面积快速扫描和检测

借助多摄像头布局、自动化控制技术以及先进的图像拼接和处理算法,计算机视觉系统能够实现对飞机部件大面积的无缝扫描和检测。无论是机身的大面积蒙皮、广阔的机翼表面,还是复杂的发动机外部结构,都能够在一次检测过程中实现全面覆盖。例如,在对机翼表面进行检测时,通过在机翼两侧和上下方合理布置多个摄像头,并利用图像拼接技术将各个摄像头采集到的图像进行融合,形成完整的机翼表面图像,从而确保不会遗漏任何一个可能存在问题的区域,大大提高了检测的全面性和可靠性。

④提供直观图像信息

计算机视觉技术为维修人员提供了极为直观的图像信息,使他们能够直接观察到飞机部件的外观状态、缺陷位置和形态特征等。与传统检测方法中依靠数据报表、波形图等抽象数据进行故障判断不同,直观的图像信息更易于维修人员理解和分析。维修人员可以根据图像中显示的缺陷特征,结合自身的专业知识和经验,快速准确地判断故障情况,并制定相应的维修方案。例如,在看到机身蒙皮的划痕图像时,维修人员能够直观地判断划痕的深度、长度以及是否穿透蒙皮等关键信息,从而决定是进行简单的修复还是需要更换蒙皮部件。

五、虚拟现实(VR)与增强现实(AR)技术

1. 虚拟现实技术

(1)原理

借助计算机强大的运算能力与图形处理技术,生成一个高度拟真的虚拟航空维修环境。运用精密的三维重建算法,对各类航空飞行器的结构、系统及零部件进行精准建模,从飞机的机身框架到复杂的航空发动机内部构造,每一个细节都得以细致呈现,包括不同材质的纹理、物理特性与力学性能等。同时,配合先进的追踪定位系统,如光学追踪、惯性追踪等技术的融合应用,能够实时捕捉维修人员的头部转动、身体移动、手部动作以及眼部视线焦点等信息,并将这些信息迅速反馈至虚拟环境中,实现维修人员与虚拟维修场景及设备的自然交互,让维修人员仿若置身真实的航空维修现场进行模拟训练操作。

(2)应用案例

在全球领先的航空维修培训中心,如美国的某航空技术学院,利用 VR 技术打造了空客 A320 飞机整机维修模拟训练系统。学员们只需戴上 VR 头显并配备特制的交互手柄,即可进入到虚拟的 A320 维修场景。在这个虚拟空间里,学员能够深入飞机的电子设备舱,对复杂的

航空电子线路进行故障排查与修复训练。例如，模拟因电磁干扰导致的飞行控制系统信号异常故障，学员可以借助虚拟的检测仪器，沿着线路逐一检查各个连接点、传感器与控制器，通过观察虚拟示波器上的信号波形变化，精准定位故障点并实施修复操作。同样，对于飞机起落架系统的维修训练，学员可以在虚拟环境中模拟应对起落架收放故障。他们能够看到起落架的液压传动装置、机械锁定机构以及相关的电气控制系统，在模拟不同飞行状态与跑道条件下，练习起落架的故障诊断与维修技巧。此外，一些航空公司的维修部门在新型飞机引入前，也会采用VR技术进行预培训。例如，某亚洲大型航空公司在接收波音787梦想飞机之前，利用VR模拟平台让维修人员提前熟悉其独特的复合材料机身结构维修要点、新型航空发动机的维护流程以及先进的机载电子系统的故障处理方式，有效提升了维修团队在新机型上的维修保障能力与效率。

（3）优势

从安全角度而言，VR技术彻底消除了真实维修操作中可能因人为失误引发的安全风险，无论是在高电压环境下的电气系统维修模拟，还是在处理危险化学品泄漏风险时的液压系统维修练习，都不会对人员生命安全与真实航空设备造成任何损害。成本效益方面，相较于建立实体的、全功能的航空维修训练设施与购置大量昂贵的备用零部件，VR培训系统的建设与运营成本显著降低。通过软件更新与模型扩展，能够轻松实现对不同机型、不同故障类型的模拟训练，无需进行大规模硬件设施的更换与升级。再者，其强大的模拟能力可涵盖航空维修领域几乎所有的复杂场景与罕见故障情况，无论是极端天气条件下飞机外部结构的损伤修复模拟，还是超高空飞行时航空发动机突发的喘振故障排查训练，都能在虚拟环境中完美呈现。这使得学员能够在毫无风险的环境下积累海量的维修实践经验，极大地缩短了传统维修培训中从理论学习到实际熟练操作所需的漫长周期，显著提高了航空维修培训的质量与效果，为航空维修行业源源不断地输送具备高技能、强适应能力的专业维修人才，有力推动了整个航空维修领域的技术进步与发展。

2. 增强现实技术

（1）原理

通过特定的设备，如AR眼镜或手持AR终端，利用摄像头捕捉飞机物理部件的图像信息，再借助先进的图像识别算法与空间定位技术，精确地确定部件在三维空间中的位置与姿态。然后，将存储在数据库中的数字信息，包括飞机部件的原理图、详细的图表、精准的诊断数据以及维修操作的动画演示等，以合适的比例、角度和位置叠加到对应的物理飞机部件上，从而为维修人员提供直观、实时且精准的指导和辅助信息，让维修人员能够清晰地看到原本隐藏在部件内部的结构信息以及维修所需的关键数据与步骤。

（2）应用案例

在大型国际机场的飞机维修车间里，当维修人员对波音777飞机的机翼进行检修时，佩戴上AR眼镜后，只需将视线聚焦在机翼的各个部位，例如襟翼传动装置，眼镜上就会立即叠加显示出该传动装置的详细三维原理图，清晰地标注出各个齿轮、传动轴、液压油缸等部件的名称、编号以及相互连接关系。同时，还会呈现出维修该传动装置的具体步骤，如先拆卸哪些螺栓，使用何种工具，按照怎样的顺序进行操作等，并且会突出显示操作过程中的注意事项，比如某些螺栓的紧固扭矩范围，以及在拆卸过程中需要特别小心避免损伤的相邻部件。又比如在对飞机的航空电子设备舱进行维护时,维修人员通过 AR 设备观察复杂的线路板,能看到线路板上各个电子元件的功能说明、可能出现的故障现象以及对应的诊断流程和维修方法。在处理飞机发动机的燃油系统故障排查时,AR 技术可以将燃油管路的走向、压力传感器的分布以及正常运行时的燃油流量数据等信息叠加显示在发动机的实物表面,维修人员能够依据这些信息快速定位可能存在泄漏或者堵塞的部位,极大地提高了维修效率和准确性。

(3)优势

能显著提高维修人员的工作效率。以往需要花费大量时间翻阅纸质手册查找信息、对照实物进行理解消化的过程,如今通过 AR 技术瞬间即可完成,维修人员可以将更多精力集中在实际的维修操作上,极大地提升了维修的准确性。由于数字信息与实物精准匹配叠加,维修人员能够更加精准地执行每一个维修步骤,有效避免因人为判断失误或对维修手册理解偏差而导致的错误操作。减少了对传统纸质手册的依赖,不仅减轻了维修人员携带资料的负担,而且降低了因纸质手册版本更新不及时或资料丢失而带来的风险。在面对复杂且多变的维修任务时,AR 技术能够让维修人员迅速获取所需信息,无论是在应对突发故障的紧急抢修场景,还是在处理新型飞机特有的复杂系统维修任务中,都能实现更加高效、精准的维修操作,保障飞机的运营安全,降低因维修延误导致的运营成本增加,同时也有助于提升航空公司整体的维修服务质量与竞争力。

3. 数字孪生技术

(1)原理

数字孪生技术的核心原理是构建一个与物理实体在多维度上高度一致的虚拟模型。它深度融合物理模型所蕴含的理论基础、传感器实时采集的动态数据以及装备全生命周期的运行历史信息。在数据集成的基础上,开展跨学科、涵盖多物理量(如力学、电学、热学等)、多尺度(从微观零部件到宏观整体结构)、多概率(考虑不同工况与故障发生可能性)的仿真模拟过程。通过这种方式,在虚拟空间中精准复刻实体装备从诞生、运行到退役的完整生命周期,实现实体与虚拟模型之间的双向映射与实时交互,使得虚拟模型能够实时反映实体装备的真实状态,并且能够依据虚拟模型的分析与预测对实体装备进行前瞻性的优化与维护。

(2)应用案例

在航空维修领域,空中客车公司也积极采用数字孪生技术,并取得了显著成效。空客为其A380 等大型客机打造了数字孪生系统。在飞机的制造阶段,就为每个零部件建立了详细的数字化模型,并在虚拟环境中进行装配模拟,提前发现潜在的制造与装配问题,有效提高了飞机的初始质量。在运营过程中,通过遍布飞机机身、机翼、发动机等关键部位的数千个传感器,持续收集飞机的飞行高度、速度、姿态、温度、压力以及各个系统的运行参数等数据。这些数据实时传输到飞机的数字孪生模型中,在虚拟空间里对飞机的结构完整性、系统性能进行全方位监控。例如,当飞机在飞行过程中遭遇气流颠簸时,数字孪生模型能够根据传感器反馈的机身应力数据,精确模拟飞机结构的受力变化情况。一旦发现某个部位的应力值超出安全阈值,系统会立即预警,并结合历史数据和故障模型预测可能出现的结构损伤类型和程度。基于这些预测,维修团队可以在飞机降落之后迅速开展针对性的检查与维修工作,避免潜在故障的进一步恶化。

（3）优势

精准故障预测与预防：数字孪生技术凭借其强大的数据分析与仿真能力，能够提前察觉飞机可能出现的故障隐患。通过对海量运行数据的深度挖掘和复杂模型的运算，准确预测故障发生的时间、位置和性质，从而使维修人员能够在故障发生前采取有效的预防措施，极大地提高了飞机的安全性与可靠性，减少了因突发故障导致的飞行事故风险。

高效维修规划与执行：基于数字孪生模型提供的精准故障信息，维修团队可以提前制定详细且合理的维修计划。明确所需的维修工具、设备以及零部件，合理安排维修人员的工作任务与时间进度，避免了传统维修模式中故障诊断不准确、维修方案不完善导致的维修延误和资源浪费。同时，在维修过程中，维修人员可以参考数字孪生模型提供的飞机内部结构与系统布局信息，更加便捷地进行维修操作，提高维修效率，缩短飞机停场时间，降低运营成本。

优化飞机设计与性能提升：在航空维修过程中积累的大量数据通过数字孪生模型反馈到飞机设计环节。设计人员可以依据这些实际运行数据对飞机的结构、系统进行优化设计。例如，根据发动机在不同工况下的性能数据，对发动机的进气道、燃烧室等部件进行改进设计，提高发动机的燃烧效率与推力输出；依据机身结构在长期飞行中的受力情况，优化机身材料与结构布局，减轻飞机重量的同时增强结构强度，从而实现飞机性能的持续提升，提高航空公司的市场竞争力。

精细化库存管理：数字孪生技术对飞机故障的精确预测使得航空公司能够精准掌握零部件的需求情况。航空公司通过对不同零部件的故障率、更换周期等数据的分析，可以合理确定库存数量与补货时间，避免了零部件的过度库存积压或缺货现象。这不仅降低了库存管理成本，还确保了维修工作所需零部件的及时供应，保障了飞机维修工作的顺利进行。

任务评估

（一）技术调研与报告撰写

任务评价表

评价表编号：

姓名		学号		
班级		完成时间		
序号	评价项目	评分标准	得分	得分说明
1	资料收集全面性（20分）	涵盖技术的各个方面信息，资料来源广泛且权威		
2	报告内容质量（40分）	原理阐述清晰准确，技术特点分析深入，应用案例丰富且有针对性，对发展趋势预测合理		
3	结构与逻辑（20分）	报告结构完整，层次分明，逻辑连贯，过渡自然		
4	写作规范（20分）	语言表达流畅，无错别字和语法错误，引用文献格式正确		
	总得分			

(二)新技术应用案例分析与方案设计

任务评价表

评价表编号：

小组名称			小组组员		
班级			完成时间		
序号	评价项目	评分标准		得分	得分说明
1	案例分析深度 (20分)	对给定案例的理解透彻,问题剖析准确全面,能准确识别关键技术点			
2	技术应用合理性 (30分)	所选维修新技术与案例匹配度高,应用依据充分,技术组合具有创新性和可行性			
3	方案完整性 (20分)	维修方案涵盖所有必要环节,内容详细具体,可操作性强			
4	展示效果 (30分)	PPT制作精良,展示过程流畅,团队成员配合默契,问答环节回答准确、清晰、有条理			
	总得分				

(三)新技术实践操作与技能考核

任务评价表

评价表编号：

姓名			学号		
班级			完成时间		
序号	评价项目	评分标准		得分	得分说明
1	实践操作技能 (40分)	操作熟练、规范,能够准确设置和调整工艺参数,顺利完成实践任务,实验结果准确可靠			
2	问题解决能力 (30分)	在实践操作中遇到问题时能够迅速分析原因,提出有效的解决方案,并总结经验教训			
3	理论知识理解 (20分)	对所操作新技术的原理、应用范围、注意事项等理论知识有深入理解,能够准确回答相关问题			
4	安全与规范 (10分)	严格遵守安全操作规程,无违规操作行为,实验场地整理有序			
	总得分				

任务二 　航空维修新工艺

学习任务

一、任务背景

随着航空业的飞速发展,飞机的安全性和可靠性成为重中之重。航空维修作为保障飞机安全运行的关键环节,其工艺技术的更新换代至关重要。

一方面,现代飞机技术不断革新,新型材料(如复合材料、新型合金等)、先进系统(如电传飞控系统、高度集成化的航空电子系统)广泛应用,传统维修工艺在应对这些新技术时逐渐显露出局限性。例如,传统的金属修复工艺难以满足复合材料结构损伤的修复要求,复杂电子系统故障诊断也对传统检测手段提出挑战。

另一方面,航空运输业的规模持续扩大,航班频次不断增加,对飞机的维修效率提出了更高要求。传统维修工艺可能存在维修周期长、成本高的问题,无法适应日益增长的航空运输需求。

此外,航空安全法规日益严格,对飞机维修质量和工艺标准提出了更严格的规范。为确保飞机符合安全法规要求,航空维修行业迫切需要引入新工艺,以提升维修质量与效率。

在此背景下,航空维修新工艺应运而生。了解、熟悉并掌握这些新工艺,对于航空维修专业人员至关重要,不仅有助于提升个人维修技能,更能确保飞机安全可靠运行,推动航空业持续健康发展。

二、学习目标

知识目标

(1)了解航空维修新工艺产生的背景、意义及其在航空维修领域的重要性。

(2)熟悉各种航空维修新工艺的基本原理、技术特点及适用范围。

(3)掌握航空维修新工艺在实际维修工作中的应用流程和操作要点。

能力目标

能够运用所学知识,对航空维修新工艺在不同维修场景中的应用效果进行分析与评估。

素质目标

通过案例分析和实践操作,培养独立思考、解决实际问题以及团队协作的能力,为今后从事航空维修相关工作奠定坚实基础。

三、任务安排

(一)知识探究任务(30%)

1.航空维修工艺发展现状与趋势研究(小组任务,每组4-5人,占15%)

任务要求	分组收集资料,整理并分析近年来航空维修工艺在材料、技术、设备等方面的主要发展变化
	结合行业动态和技术创新,预测未来航空维修工艺可能的发展方向,并撰写研究报告(每组报告字数不少于2000字)
	各小组在课堂上进行汇报展示,交流研究成果,其他小组进行提问和评价
时间安排	课前7天:确定研究主题,制定资料收集计划
	课前5-6天:进行资料收集与整理工作
	课前3-4天:完成调研报告的撰写,并提交初稿给教师审阅
	课前1-2天:根据教师的反馈意见对报告进行修改完善,提交最终版报告

2.新型航空维修工艺原理剖析(小组任务,每组4-5人,占15%)

任务要求	选择至少三种航空维修新工艺(如激光熔覆修复工艺、复合材料胶接工艺、智能涂层监测工艺等),深入研究其工作原理、技术核心及相关理论基础
	制作详细的工艺原理讲解PPT,要求图文并茂,能够清晰阐述每种工艺的关键技术环节,并在课堂上进行讲解演示(讲解时间不少于15分钟/种工艺)
时间安排	课前5-7天:小组分工,制定资料收集计划
	课前3-4天:小组内部汇总资料,进行资料收集与分类整理工作
	课前1-2天:制作PPT,对PPT进行修改完善,进行小组内部预演
	课中:在课堂上进行小组展示与汇报,接受教师和其他小组得提问与评价

(二)实践操作任务(40%)

1.模拟航空维修新工艺操作训练(小组任务,每组4-5人,占20%)

任务要求	根据学校实训基地的设备条件,选择一种或多种航空维修新工艺进行模拟操作训练。例如,在激光熔覆修复实训设备上,学生分组进行金属零部件表面损伤的修复操作练习;或者在复合材料胶接实训平台上,完成复合材料试件的胶接制作与质量检测
	要求学生在操作过程中,严格按照工艺规范和操作流程进行,记录操作步骤、工艺参数以及遇到的问题和解决方案。每个小组撰写操作训练总结报告(报告字数不少于1500字),并对本小组操作成果进行自我评价
时间安排	课中:以小组为单位,进行航空维修新工艺进行模拟操作训练
	课后1-2天:撰写操作训练总结报告(报告字数不少于1500字)

2.制定航空维修新工艺应用方案(小组任务,每组4-5人,占20%)

任务要求	给定一个具体的航空维修案例场景(如某型号飞机发动机叶片表面磨损修复、飞机机身复合材料结构损伤修复等),以小组为单位,运用所学的航空维修新工艺知识,制定详细的维修工艺应用方案
	方案内容应包括维修工艺选择依据、工艺流程设计、工艺参数确定、质量控制措施、维修成本估算以及维修周期预测等方面。各小组将制定好的方案制作成PPT,并在课堂上进行方案汇报和答辩,接受教师和其他小组的质疑与评价
时间安排	课前5-7天:小组分工,制定资料收集计划
	课前3-4天:小组内部汇总资料,进行资料收集与分类整理工作
	课前1-2天:制作PPT,对PPT进行修改完善,进行小组内部预演
	课中:在课堂上进行小组展示与汇报,接受教师和其他小组得提问与评价

(三)案例分析任务(20%)

航空维修新工艺实际案例分析与讨论(小组任务,每组4-5人,占20%)

任务要求	教师提供多个航空维修新工艺在实际维修工作中的应用案例资料,学生分组进行案例分析。每个小组针对一个案例,深入研究案例中采用的维修新工艺的应用背景、实施过程、效果评估以及存在的问题等
	各小组撰写案例分析报告(报告字数不少于1500字),并在课堂上进行案例汇报与讨论。讨论过程中,鼓励各小组从不同角度提出问题和见解,共同探讨如何优化维修工艺方案、提高维修质量和效率等问题
	在完成多个案例分析的基础上,组织学生进行跨案例对比研究。引导学生从维修工艺类型、维修对象、维修效果、成本效益等多个维度对不同案例进行综合对比分析,总结航空维修新工艺在不同应用场景下的共性特点、优势与局限性
	撰写跨案例对比分析报告(报告字数不少于2000字),并在课堂上进行汇报展示。通过跨案例对比分析,培养综合分析能力和批判性思维,能够更加全面、深入地理解航空维修新工艺在实际维修工作中的应用价值和发展前景
时间安排	课前5-7天:小组分工,制定资料收集计划
	课前3-4天:小组内部汇总资料,进行资料收集与分类整理工作
	课前1-2天:制作PPT,对PPT进行修改完善,进行小组内部预演
	课中:在课堂上进行小组展示与汇报,接受教师和其他小组得提问与评价

航空维修在保障航空飞行器安全、可靠运行方面起着至关重要的作用。随着航空技术的飞速发展,传统维修工艺已难以满足现代航空装备的需求,航空维修新工艺应运而生。本任务旨在系统介绍航空维修新工艺的相关知识,全面阐释其原理、特点、应用范围以及操作要点等,为从事航空维修工作提供前沿指导。

🏛️知识链接

一、航空维修新工艺概述

1.航空维修的发展历程与现状

早期航空维修主要依赖于人工目视检查和简单的机械维修工具,维修工作的实施主要基于经验进行。随着航空技术的进步,飞机结构和系统日益复杂,传统维修方式逐渐向专业化、规范化方向发展,出现了各种维修手册和标准流程。

当今,航空维修不仅要保障飞机的适航性,还要考虑维修成本、维修效率以及对环境的影响等多方面因素。同时,数字化技术在维修管理、故障诊断等方面得到广泛应用。

2. 航空维修新工艺的定义与分类

航空维修新工艺是指基于现代科学技术,如激光技术、材料科学、自动化控制、信息技术等,为解决传统维修工艺难以处理的问题或提高维修质量、效率而开发的一系列维修技术和方法。

分类方式包括按照技术原理分为表面修复工艺(如激光修复、冷喷涂)、检测工艺(智能检测技术)、零部件制造与修复工艺(增材制造)分类等。

3. 航空维修新工艺的重要性与挑战

(1)重要性

能够修复传统工艺难以修复的航空零部件,延长其使用寿命,降低维修成本。例如,一些高精度、高价值的发动机零部件,采用新工艺可实现原位修复,避免了零部件的更换。

提高维修质量和可靠性,减少因维修不当导致的飞行事故风险。如智能检测技术能够更精准地发现零部件内部的缺陷,确保修复后的零部件符合安全标准。

适应新型航空材料和结构的维修需求,如复合材料在航空领域的广泛应用,需要专门的维修工艺来保证其性能。

(2)挑战

技术难度高,需要维修人员具备跨学科的知识和技能,包括材料学、物理学、电子技术等。

设备成本高昂,新工艺设备的购置、维护和更新需要大量资金投入。

工艺标准和规范尚不完善,需要进一步建立和完善相关的质量控制体系和维修标准。

本任务后续内容将从激光修复技术、冷喷涂技术、智能检测技术、增材制造在航空维修中的应用以及航空维修新工艺的综合应用和发展趋势几个方面重点展开介绍。

二、激光修复技术

1. 激光修复原理

激光修复主要利用高能量密度的激光束作为热源,使待修复部位的金属材料快速熔化或汽化,然后通过送粉或熔覆等方式将与基体材料相匹配的填充材料添加到熔池中,冷却凝固后形成与基体冶金结合的修复层。根据激光与材料作用方式的不同,可分为激光熔覆、激光合金化、激光焊接等多种工艺形式。

2. 激光修复设备与材料

设备主要包括高功率激光器、光束传输系统、送粉系统(或送丝系统)、工作台及控制系统等。激光器的类型有 CO_2 激光器、固体激光器(如 Nd∶YAG 激光器、光纤激光器等),不同类型激光器具有不同的功率、波长和光束特性,适用于不同的修复任务。

修复材料的选择要考虑与基体材料的相容性、物理化学性能以及修复后的使用要求。常用的修复材料有金属粉末(如镍基合金、钴基合金、钛合金粉末等)和金属丝材。

3. 激光修复在航空维修中的应用案例

航空发动机叶片修复:发动机叶片在高温、高压和高速旋转的恶劣工况下工作,容易出现磨损、裂纹等损伤。激光熔覆技术可以在叶片表面熔覆耐高温、耐磨的合金涂层,修复叶片的几何形状和性能,延长叶片的使用寿命。例如,某型号航空发动机高压涡轮叶片采用激光熔覆修复后,通过了严格的性能测试,恢复了原有的工作性能,大大降低了维修成本。

飞机起落架修复:起落架在飞机起降过程中承受巨大的冲击载荷,容易出现表面划伤、疲劳裂纹等缺陷。激光焊接技术可以对起落架的裂纹进行精确焊接修复,保证焊接接头的强度和韧性,提高起落架的可靠性和安全性。

4. 激光修复工艺的操作流程与质量控制

(1)操作流程

损伤评估:对待修复零部件进行全面检查和评估,确定损伤的类型、位置、程度以及修复的可行性。

表面预处理:对修复部位进行清洗、除锈、去油污等处理,必要时进行机械加工,以获得合适的修复表面形貌和粗糙度。

参数设置:根据修复材料、零部件结构和修复要求,设置激光器的功率、光斑直径、扫描速度、送粉量等工艺参数。

激光修复操作:启动激光器和送粉系统,按照预定的扫描路径进行激光熔覆或焊接修复。

后处理:对修复后的零部件进行打磨、抛光、热处理等,以消除残余应力,提高修复层的表面质量和性能。

(2)质量控制

过程监控:采用光学传感器、温度传感器等设备对激光修复过程中的光束质量、熔池温度、熔覆层厚度等参数进行实时监控,确保工艺参数的稳定性和修复过程的可控性。

检测与评估:运用无损检测技术(如 X 射线检测、超声检测、金相分析等)对修复后的零部件进行全面检测,检查修复层与基体的结合情况、内部缺陷、组织性能等,确保修复质量符合相关标准和要求。

三、冷喷涂技术

1. 冷喷涂原理与特点

冷喷涂原理是利用高速气流(通常为压缩空气或氮气)将粉末状的喷涂材料加速到超音速,使其撞击到基体表面,在固态下形成涂层。与传统热喷涂技术相比,冷喷涂具有以下特点。

低温过程:喷涂过程中粉末颗粒温度相对较低,避免了材料的氧化、相变和热应力等问题,适用于对温度敏感的材料和零部件的修复与涂层制备。

高结合强度:由于粉末颗粒以高速撞击基体表面,在撞击瞬间产生强烈的塑性变形,与基体形成机械咬合,从而获得较高的结合强度。

可喷涂材料范围广:几乎可以喷涂各种金属、合金、陶瓷和复合材料粉末。

2. 冷喷涂设备组成与工艺参数

设备主要由高压气体供应系统、喷枪、送粉系统、粉末预热装置(可选)和控制系统等组成。高压气体供应系统提供高压高速的气流,喷枪是核心部件,其内部结构决定了气流的加速和粉末的喷射效果。送粉系统负责将粉末均匀地输送到喷枪中。

主要工艺参数包括气体压力、气体温度、喷涂距离、喷枪移动速度、送粉速率等。这些参数相互影响,需要根据喷涂材料和基体的特性以及涂层要求进行优化调整。

3. 冷喷涂涂层性能与检测

涂层性能:冷喷涂涂层具有较高的致密度、硬度、耐磨性和耐腐蚀性等。涂层的组织结构与基体相似,且低温沉积过程可保留喷涂材料的原始特性。

检测方法:常用的涂层检测方法包括涂层厚度测量(如涡流测厚仪、超声测厚仪等)、涂层附着力测试(如拉拔试验)、涂层微观结构分析(扫描电子显微镜、金相显微镜等)和涂层性能测试(硬度测试、耐磨性测试、耐腐蚀性测试等)。

4. 冷喷涂在航空部件维修中的应用

飞机铝合金结构件修复:铝合金在航空领域应用广泛,冷喷涂可用于修复铝合金结构件的腐蚀、磨损和划伤等缺陷。例如,飞机机翼蒙皮的局部腐蚀损伤可以通过冷喷涂铝或铝合金涂层进行修复,恢复其结构完整性和防护性能。

航空发动机零部件涂层制备:在航空发动机的一些零部件表面,如压缩机叶片、轴颈等部位,冷喷涂可以制备耐磨、耐高温和耐蚀涂层,提高零部件的性能和使用寿命。

四、智能检测技术

1. 无损检测新技术原理

超声相控阵检测原理:超声相控阵是通过控制多个超声换能器单元的发射和接收时间延迟,实现声波的聚焦和偏转,从而对被检测物体内部进行多角度、全方位的扫描检测。与传统超声检测相比,超声相控阵具有更高的检测分辨率和灵敏度,能够检测出更小的缺陷,并且可以对复杂形状的零部件进行有效检测。

电磁超声检测原理:电磁超声是利用电磁感应原理在导电材料表面产生超声波,同时也利用逆磁致伸缩效应或电磁力效应接收超声波信号。这种检测方法无需耦合剂,可实现非接触式检测,适用于高温、高速、表面粗糙等特殊工况下的检测任务,在航空发动机高温部件的检测中有广泛应用前景。

2. 基于机器视觉的航空部件检测

机器视觉检测系统主要由相机、镜头、光源、图像采集卡和图像处理软件等组成。通过相机获取航空部件的图像,利用图像处理软件对图像进行分析处理,提取部件的特征信息,如尺寸、形状、表面缺陷等,从而实现对航空部件的自动化检测。例如,在飞机机翼装配过程中,机器视觉系统可以检测机翼蒙皮的贴合精度、铆钉孔的位置和尺寸等参数,提高装配质量和效率。

3. 智能检测系统的集成与应用

智能检测系统通常将多种检测技术集成在一起,根据不同的检测需求和零部件特点,自动选择合适的检测方法和参数。例如,在航空发动机维修检测中,将超声相控阵、电磁超声、涡流检测等技术集成到一个检测平台上,对发动机的叶片、盘轴、机匣等零部件进行全面检测,实现检测过程的自动化、智能化和高效化。

4. 检测数据的分析与处理

智能检测系统会采集到大量的检测数据,需要对这些数据进行有效的分析和处理。如采用数据挖掘、人工智能等技术,对检测数据进行分类、聚类、关联分析等,建立缺陷识别模型和预测模型。例如,通过对历史检测数据的分析,预测航空部件的剩余使用寿命,为维修决策提供科学依据。

五、增材制造在航空维修中的应用

1. 增材制造技术原理

激光选区熔化(SLM)原理:利用高能量密度的激光束按照预先设计的三维模型路径,逐层熔化金属粉末,形成致密的金属零件。在每层熔化过程中,精确控制激光束的能量、扫描速度、光斑直径等参数,确保粉末完全熔化并与下层形成良好的冶金结合。

电子束选区熔化(EBM)原理:利用电子束在真空环境中对金属粉末进行选择性熔化。电子束具有高能量密度和高扫描速度的特点,可以实现快速熔化和凝固,适用于制造高性能的金属零部件。与激光选区熔化相比,电子束选区熔化的能量利用率更高,但设备成本也更高。

2. 适用于航空维修的增材制造材料

钛合金:具有高强度、低密度、良好的耐腐蚀性和高温性能,是航空领域常用的结构材料。在航空维修中,可用于制造和修复发动机零部件、起落架部件等。

镍基合金:具有优异的高温强度、抗氧化性和耐腐蚀性,适用于航空发动机热端部件的修复和制造,如涡轮叶片、涡轮盘等。

铝合金:密度低、强度较高、加工性能好,常用于制造飞机的非承力结构件和部分承力结构件,在航空维修中可用于修复铝合金结构的损伤。

3. 增材制造修复航空零部件的设计与工艺

设计:在进行增材制造修复设计时,需要考虑零部件的原始结构、损伤情况、修复后的力学性能要求以及增材制造工艺的特点。采用拓扑优化等设计方法,对修复区域进行优化设计,以减轻重量、提高性能。同时,要设计合理的支撑结构,确保在增材制造过程中零部件的稳定性和成型质量。

工艺:根据零部件的材料、形状和修复要求,选择合适的增材制造工艺参数,如激光功率、扫描速度、层厚、粉末粒径等。在修复过程中,要注意控制热应力,避免产生裂纹等缺陷。例如,对于大型航空零部件的修复,可以采用分区扫描、预加热等工艺措施来降低热应力。

4. 增材制造修复件的性能评估与认证

性能评估:对增材制造修复件进行全面的性能测试,包括力学性能测试(拉伸、压缩、弯曲、疲劳等)、微观组织分析、尺寸精度测量、表面质量检测等。通过与原始零部件的性能标准进行对比,评估修复件是否满足使用要求。

认证:由于航空零部件的安全性要求极高,增材制造修复件需要经过严格的认证程序。目前,国际上一些航空认证机构正在制定增材制造修复件的认证标准和规范,包括工艺过程认证、材料认证、性能认证等,以确保增材制造修复技术在航空维修中的安全应用。

六、航空维修新工艺的综合应用与发展趋势

1. 多种新工艺协同在复杂航空维修任务中的应用

在实际航空维修中,往往需要多种新工艺协同作业。例如,在修复航空发动机复杂零部件时,可能先采用激光修复技术对局部损伤进行修复,然后利用冷喷涂技术在修复区域制备防护涂层,最后通过智能检测技术对修复后的零部件进行全面检测,确保修复质量。这种协同应用可以充分发挥各种新工艺的优势,提高维修的效率和质量。

2. 航空维修新工艺面临的技术与管理问题

(1)技术问题

工艺稳定性和可靠性有待进一步提高,不同批次的修复或制造结果可能存在差异,需要加强工艺过程的控制和优化。

与传统维修工艺和航空装备的兼容性需要深入研究,确保新工艺的应用不会对飞机的整体性能和安全性产生负面影响。

对新型材料和复杂结构的维修工艺还需要不断探索和完善,如新型复合材料、陶瓷基复合材料的修复技术。

(2)管理问题

维修人员的培训和资质认证体系需要建立和完善,以适应新工艺对人员知识和技能的要求。

维修成本的核算和控制面临挑战,新工艺设备的购置、维护以及工艺研发投入较大,需要合理评估其经济效益。

维修质量的监督和管理机制需要加强,确保新工艺的应用符合相关的航空维修标准和规范。

3. 航空维修新工艺的未来发展展望

技术创新:随着材料科学、物理学、计算机科学等学科的不断发展,航空维修新工艺将不断涌现和创新。例如,纳米技术可能应用于修复材料的研发,提高修复层的性能;人工智能和机器学习技术将进一步优化工艺参数和检测算法,实现更加智能化的维修。

绿色环保:未来航空维修新工艺将更加注重绿色环保,减少能源消耗、废弃物排放和对环境的影响。例如,开发更加环保的喷涂材料和工艺,提高材料的利用率。

全球化与标准化:随着航空维修市场的全球化,航空维修新工艺的标准和规范将逐步统一,促进国际间的技术交流与合作,提高航空维修的整体水平。

航空维修新工艺是航空维修领域发展的重要方向,它为提高航空装备的维修质量、效率和可靠性提供了有力的技术支持。本任务全面介绍了激光修复技术、冷喷涂技术、智能检测技术、增材制造在航空维修中的应用等主要航空维修新工艺,阐述了其原理、设备、材料、应用案例、操作流程、质量控制以及发展趋势等方面的内容。通过学习本任务,可以系统地掌握航空维修新工艺的相关知识,为从事航空维修工作或相关研究奠定坚实的基础。在实际应用中,需要不断探索和创新,充分发挥航空维修新工艺的优势,解决航空维修面临的各种问题,保障航空飞行器的安全运行。

任务评估

（一）知识探究任务评估

任务评价表

评价表编号：

姓名				学号		
班级				完成时间		
序号	评价项目		评分标准		得分	得分说明
1	研究报告评估（占比40%）		主要评估研究报告的内容完整性、资料准确性、分析深度、逻辑合理性以及语言表达能力等方面。根据报告质量给予相应的分数			
2	汇报展示评估（占比60%）		从汇报内容的准确性、PPT制作质量、讲解清晰度、时间控制、团队协作以及回答问题的准确性和完整性等方面进行评价。由教师和其他小组共同打分，取平均值作为汇报展示的最终成绩			
	总得分					

（二）实践操作任务评估

任务评价表

评价表编号：

姓名				学号		
班级				完成时间		
序号	评价项目		评分标准		得分	得分说明
1	操作训练总结报告评估（占比30%）		评估报告中对操作过程的记录是否详细、问题分析是否深入、解决方案是否合理以及对操作成果的自我评价是否客观等方面进行评价			
2	应用方案评估（占比30%）		主要考察维修工艺应用方案的完整性、可行性、创新性以及方案汇报和答辩过程中的表现。从方案内容的全面性、工艺选择的合理性、流程设计的科学性、质量控制措施的有效性、成本估算的准确性以及汇报讲解的清晰流畅度、团队协作情况和回答问题的质量等多个方面进行综合评价			
3	实际操作技能考核（占比40%）		根据在模拟操作训练过程中的实际表现，如操作规范程度、工艺参数控制准确性、维修质量达标情况等方面进行现场考核评分			
	总得分					

（三）案例分析任务评估

任务评价表

评价表编号：

小组名称			组员		
班级			完成时间		
序号	评价项目	评分标准		得分	得分说明
1	案例分析报告评估（占比40%）	评估报告对案例的理解深度、分析的全面性、问题挖掘的准确性、解决方案的合理性以及报告的撰写质量等方面进行评价			
2	汇报讨论评估（占比60%）	从汇报内容的质量、团队成员的参与度、讨论过程中的表现（包括提出问题的价值、回答问题的准确性、对他人观点的尊重和接纳程度等）以及团队协作情况等方面进行综合评价。由教师和其他小组共同打分，取平均值作为汇报讨论的最终成绩			
	总得分				

任务三　新技术与新工艺应用案例

案例一：激光熔覆技术修复航空发动机涡轮叶片

航空发动机涡轮叶片工作在高温、高压和高速旋转的极端恶劣环境下，容易出现磨损、裂纹、腐蚀等损伤，传统修复方法往往难以满足高性能修复的要求。

某航空公司的一架飞机在定期维护检查中，发现其航空发动机高压涡轮叶片叶尖有较为严重的磨损，部分区域出现了微小裂纹。维修团队决定采用激光熔覆技术进行修复。

首先，技术人员使用高精度的三维测量设备对叶片进行全面扫描，建立起叶片的精确三维模型，以便详细分析损伤情况并规划修复路径。在损伤评估完成后，对叶片进行了细致的表面预处理，包括化学清洗去除油污、氧化物，以及采用微喷砂工艺增加表面粗糙度，以提高熔覆材料与基体的结合力。

选用与叶片基体材料相匹配的高温合金粉末作为熔覆材料，这种合金粉末具有优异的耐高温、耐磨和抗腐蚀性能。维修设备采用先进的光纤激光器，其具有高能量密度、光束质量好、稳定性强等优点。在激光熔覆过程中，根据叶片的结构和损伤程度，精确设置激光器的功率为

3kW,光斑直径控制在 2mm,扫描速度设定为 10mm/s,送粉量为 10g/min。通过计算机控制的多轴联动工作台,确保激光束按照预定的路径在叶片表面进行熔覆操作,使合金粉末均匀地熔覆在受损部位,形成与基体冶金结合的修复层。

修复完成后,对叶片进行了严格的后处理工序,包括机械打磨去除多余的熔覆材料,使叶片恢复到原始的尺寸精度和气动外形,然后进行高温热处理以消除残余应力,提高修复层的组织稳定性。

最后,运用多种无损检测技术对修复后的叶片进行全面检测。采用 X 射线探伤检测修复层内部是否存在气孔、裂纹等缺陷;超声检测用于评估修复层与基体的结合情况以及叶片整体的内部组织结构完整性,金相分析则进一步观察修复层的微观组织形貌和晶粒大小。经过检测,修复后叶片的各项性能指标均符合航空发动机的使用要求,成功安装回发动机并经过长时间的运行测试后,性能稳定可靠,大大延长了叶片的使用寿命,降低了维修成本,同时也减少了因更换叶片而导致的飞机停场时间。

案例二:冷喷涂技术修复飞机起落架

飞机起落架在飞机起降过程中承受巨大的冲击载荷和复杂的应力作用,其表面容易出现划伤、磨损、疲劳裂纹等损伤,对飞机的起降安全至关重要。

在一次机场地勤检查中,发现某架飞机的起落架主支柱表面有一处深度约为 2mm 的划伤,并且在划伤周围存在一定程度的磨损,若不及时修复可能会导致应力集中,引发更严重的结构问题。维修部门决定采用冷喷涂技术进行修复。

冷喷涂设备采用高压氮气作为加速气体,压力设定为 3MPa。喷枪选用专门设计用于修复起落架这类大型部件的型号,其具有良好的粉末雾化和喷射效果。修复材料选择与起落架基体材料(高强度铝合金)相匹配的铝合金粉末,这种粉末经过特殊处理,具有良好的流动性和沉积性能。

在修复前,先对起落架损伤部位进行彻底的清洗和脱脂处理,然后使用砂纸对表面进行轻微打磨,以去除氧化层并形成一定的粗糙度,有利于冷喷涂涂层的附着。根据损伤的形状和大小,通过计算机辅助设计软件规划喷枪的移动路径和工艺参数。在冷喷涂过程中,喷枪与起落架表面的距离保持在 30mm,喷枪的移动速度为 500mm/s,送粉速率为 50g/min。铝合金粉末在高压氮气的作用下加速到超音速,撞击到起落架损伤表面,形成致密的修复涂层。

修复涂层完成后,对其进行了涂层厚度测量,使用涡流测厚仪确保涂层厚度均匀且达到设计要求(约 3mm)。然后进行涂层附着力测试,采用拉拔试验方法,结果显示涂层与基体的结合强度超过了规定的最小值,满足使用要求。此外,还对涂层的微观结构进行了扫描电子显微镜分析,观察到涂层组织致密,颗粒之间结合良好,没有明显的孔隙和缺陷。

经过冷喷涂修复后的起落架经过严格的地面测试和飞行验证,其性能与新起落架相当,有效地恢复了起落架的结构完整性和功能,保障了飞机的起降安全,同时由于冷喷涂工艺的高效性,大大缩短了维修时间,减少了飞机的停场损失。

案例三:增材制造技术修复航空内饰件

航空内饰件通常具有复杂的形状和较高的美观要求,在使用过程中可能会因碰撞、磨损等原因出现损坏。传统的修复方法往往难以恢复其原有的形状和外观质量,且成本较高、周期较长。

某航空公司的一架客机客舱内的一个塑料材质的扶手在乘客使用过程中被意外折断。该扶手具有复杂的曲线形状和精细的纹理,是飞机内饰的重要组成部分。维修团队决定采用增材制造技术进行修复。

首先,使用三维扫描仪对损坏的扶手进行扫描,获取其精确的三维模型数据。然后,利用计算机辅助设计软件对模型进行修复和优化,在断裂处设计合适的连接结构,并根据需要对纹理进行补充和完善。

针对该塑料扶手的材料特性,选择了适合的热塑性塑料丝材作为增材制造的原材料,这种丝材具有良好的机械性能、耐磨损性和可加工性。增材制造设备采用高精度的熔融沉积成型(FDM)打印机。在打印过程中,根据扶手的结构和尺寸,设置打印喷头温度为230℃,打印速度为50mm/s,层厚为0.2mm。打印机按照修复后的三维模型数据,逐层堆积塑料丝材,构建出修复后的扶手形状。

打印完成后,对修复后的扶手进行了表面处理,包括打磨去除打印过程中产生的台阶效应,使其表面光滑平整,然后采用喷漆工艺,按照飞机内饰的标准颜色和光泽度要求进行上色处理,使修复后的扶手与周围内饰完美匹配(图5-3-1)。

图5-3-1 增材在飞机内饰的应用

经过增材制造修复后的扶手在外观和功能上都恢复到了原始状态,经过长时间的使用观察,没有出现变形、开裂等问题,满足了航空内饰的使用要求。这种修复方法不仅节省了更换整个扶手的成本和时间,而且能够快速、精确地恢复内饰件的原貌,提升了飞机客舱的整体美观度和乘客体验。

任务拓展

围绕以上案例列举一个航空维修新技术与新工艺的实际应用情况。

模块测试

一、选择题

1. 激光熔覆技术修复航空发动机涡轮叶片时,激光功率通常设置为( )。
   A. 1.0kW
   B. 3.0kW
   C. 5.0kW
   D. 10kW

2. 冷喷涂工艺中,喷涂粒子的速度通常可达到( )。
   A. 几十米/秒
   B. 几百米/秒
   C. 几千米/秒
   D. 几万米/秒

3. 3D打印修复航空内饰件时,常用的材料是( )。
   A. 钛合金粉末
   B. 热塑性塑料丝材
   C. 铝合金粉末
   D. 陶瓷基复合材料

4. 太赫兹检测技术的优势是( )。
   A. 仅适用于金属材料
   B. 可检测非金属材料内部缺陷
   C. 需要接触式操作
   D. 检测速度慢

5. 航空维修中,数字孪生技术的核心功能是( )。
   A. 实时监控飞机飞行状态
   B. 构建虚拟模型并双向映射物理实体
   C. 替代传统维修手册
   D. 仅用于飞机设计阶段

6. 虚拟现实(VR)技术在航空维修培训中的主要作用是( )。
   A. 完全替代实际操作
   B. 模拟复杂维修场景
   C. 降低设备成本
   D. 缩短飞机停场时间

7. 增材制造修复航空零部件的关键挑战是( )。
   A. 材料利用率低
   B. 工艺参数控制复杂

C. 无法修复金属部件

D. 仅适用于小尺寸零件

8. 复合材料胶接工艺中,影响胶接强度的关键因素是(　　　)。

　　A. 胶接表面处理

　　B. 胶粘剂颜色

　　C. 环境温度

　　D. 胶接时间长短

9. 激光熔覆修复涡轮叶片的后处理步骤不包括(　　　)。

　　A. 机械打磨

　　B. 高温热处理

　　C. 喷漆处理

　　D. X 射线检测

10. 冷喷涂修复起落架时,使用的加速气体是(　　　)。

　　A. 氧气

　　B. 氮气

　　C. 氢气

　　D. 二氧化碳

二、填空题

1. 冷喷涂工艺中,喷涂粒子速度通常为_____。

2. 航空发动机涡轮叶片修复时,激光熔覆的扫描速度通常设置为_____。

3. 3D 打印修复内饰件时,喷头温度设置为_____。

4. 数字孪生技术通过_____与物理实体双向映射。

5. 太赫兹检测技术可检测_____材料的内部缺陷。

6. 虚拟现实(VR)技术的核心设备是_____。

7. 增材制造修复航空零部件需进行_____以消除残余应力。

8. 复合材料胶接后需进行_____处理。

9. 激光熔覆修复层的结合方式为_____结合。

10. 冷喷涂工艺的涂层附着力测试方法是_____。

三、判断题

1. 冷喷涂工艺可用于修复铝合金起落架。　　　　　　　　　　　　(　　)

2. 3D 打印技术适用于所有航空金属材料。　　　　　　　　　　　(　　)

3. 数字孪生技术仅用于飞机设计阶段。　　　　　　　　　　　　　(　　)

4. 激光熔覆修复后无需进行无损检测。　　　　　　　　　　　　　(　　)

5. 虚拟现实(VR)培训可完全替代实际操作。　　　　　　　　　　(　　)

四、简答题

1. 简述激光熔覆修复涡轮叶片的工艺流程。
2. 冷喷涂工艺在航空维修中的优势有哪些?
3. 3D打印修复内饰件的关键技术步骤是什么?
4. 数字孪生技术如何优化航空维修计划?
5. 列举两种智能检测技术并说明其原理。

五、论述题

1. 论述激光熔覆技术对航空发动机维修效率的提升作用。
2. 分析冷喷涂技术与传统热喷涂技术的异同及其应用场景。
3. 如何通过数字孪生技术实现飞机结构的健康预测?
4. 虚拟现实(VR)技术对航空维修培训模式的革新意义。

六、案例分析题

案例1:某航空公司使用冷喷涂技术修复飞机起落架主支柱表面划伤。
1. 分析冷喷涂技术的适用性及关键工艺参数设置。
2. 修复后需进行哪些质量检测?
案例2:某客机内饰扶手断裂,采用3D打印技术修复。
1. 说明修复流程中的三维扫描与模型优化步骤。
2. 为何选择热塑性塑料丝材作为打印材料?

参 考 文 献

[1] 孙滨,张磊,谈云峰.航空器持续适航文件(ICA)的编制和评审要点[J].航空维修与工程,2020(9):6.DOI:10.3969/j.issn.1672-0989.2020.09.013.

[2] 黄毅斌,王伟,邵超杰,等.波音飞机无损检测手册编制方法[J].期刊论文,2019,41(5).

[3] 史珂.民用航空器维修工作单编制常见问题分析[J].民航学报,2020.DOI:CNKI:SUN:MHXE.0.2020-03-019.

[4] 张磊.民用飞机维修工作卡编制研究[J].科技视界,2015(35):2.DOI:10.3969/j.issn.2095-2457.2015.35.005.

[5] 虞浩清,姜泽锋.飞机结构图纸识读与常用维修手册使用[M].2版.清华大学出版社,2013.

[6] 贾磊,于宁.损伤飞机修理工艺流程研究[J].航空维修与工程,2022(10):94-97.

[7] 戚士斌,张兆辉,韩梁,等.基于Cortona3D的数字化维修工艺设计与开发[C]//2019航空装备服务保障与维修技术论坛暨中国航空工业技术装备工程协会年会.0[2025-02-17].

[8] 刘爱平,林仁伟,吴璟玮.浅谈热调查工艺在飞机复合材料结构热粘接修理中的应用[J].航空维修与工程,2021.DOI:10.3969/j.issn.1672-0989.2021.05.030.

[9] 曾小芳,郭博.提升航空修理工艺规程编制质量的对策和建议[J].航空维修与工程,2021.DOI:10.3969/j.issn.1672-0989.2021.04.042.

[10] 彭名鹏,梁克达.浅谈飞机定检客舱维修工艺流程优化[J].航空维修与工程,2018(7):3.DOI:10.3969/j.issn.1672-0989.2018.07.025.

[11] 吴晓琳,杨明,吕晓明,等.飞机电气系统计算机辅助工艺性审查和工艺审定[J].航空维修与工程,2000,000(001):40-41.DOI:10.3969/j.issn.1672-0989.2000.01.016.

[12] 石宏,王晶.航空发动机数字化维修与装配技术[C]//2011航空维修理论研究及技术发展学术交流会论文集.中国航空学会;江苏省航空航天学会;上海市航空学会;北京航空航天学会,2011.

[13] 刘国春,郭荣辉,秦文峰.民用飞机复合材料结构制造与维修[M].北京:清华大学出版社,2020.

[14] 高怀亮,许楠.基于IETM的航空装备数字化修理工艺系统建设需求分析[J].航空维修与工程,2018(2):4.DOI:CNKI:SUN:KONG.0.2018-02-020.

[15] 董颖.航空发动机大修工艺数字化技术研究[J].航空维修与工程,2017(9):4.DOI:10.3969/j.issn.1672-0989.2017.09.014.

[16] 郑玮晟,孔凯博,李柏强,等.航空发动机机械加工新工艺[J].设备管理与维修,2023(22):116-117.

[17] 刘爱平,林仁伟,陈壁茂.民用飞机复合材料结构在位修理环境控制方法研究[J].航空维修与工程,2021.

[18] 李建超,王瀛.民航维修工艺等效替代的研究[J].航空维修与工程,2016(7):3.DOI:CNKI:SUN:KONG.0.2016-07-024.

[19] 张维军,脱伟,何峻,等.视情维修条件下航空发动机维修性设计要求[C]//中国航空学会.中国航空学会,2011.

[20] 彭宇馨,张博,宋晶.面向航空装备维修过程的 MRO 系统开发及应用[J].航空维修与工程,2015(6):4.DOI:10.3969/j.issn.1672-0989.2015.06.025.